这块玻璃2600万岁！

重塑世界的6项创新

[美]史蒂文·约翰逊（Steven Johnson）著　　靳婷婷 译

[美]希拉·基南（Sheila Keenan）改编

HOW WE GOT TO NOW

SIX INNOVATIONS THAT MADE THE MODERN WORLD

U0299533

中信出版集团 | 北京

图书在版编目（CIP）数据

这块玻璃 2600 万岁！：重塑世界的 6 项创新 /（美）
史蒂文·约翰逊著；靳婷婷译 . -- 北京：中信出版社，
2022.6
　　书名原文：How We Got To Now: Six Innovations
That Made the Modern World
　　ISBN 978-7-5217-4339-5

　　I. ①这… II. ①史… ②靳… III. ①创造发明 - 技
术史 - 世界 - 青少年读物 IV. ① N091-49

中国版本图书馆 CIP 数据核字（2022）第 073127 号

这块玻璃 2600 万岁！——重塑世界的 6 项创新
著者：　　　[美] 史蒂文·约翰逊
译者：　　　靳婷婷
出版发行：中信出版集团股份有限公司
　　　　　（北京市朝阳区惠新东街甲 4 号富盛大厦 2 座　邮编　100029）
承印者：　　北京盛通印刷股份有限公司

开本：889mm×1194mm 1/24　　　　印张：8.5　　　字数：117 千字
版次：2022 年 6 月第 1 版　　　　　印次：2022 年 6 月第 1 次印刷
京权图字：01-2020-0047　　　　　　书号：ISBN 978-7-5217-4339-5
　　　　　　　　　　　　　　定价：69.00 元

献给迪安

序
IX

建筑工人们正在修建一座高高俯瞰纽约市第五大道的摩天大楼，摄于约1908年

学生们正在华盛顿特区的一所高中用电池和电做实验，摄于约1899年

当今的科技和创新都在以瞬息万变的速度发展着

序

你的一天还好吗？

你是不是在凉爽或温暖的房间里醒来的？你是不是在强劲而稳定的水流中淋浴的？窗外天色尚暗的时候，你能否看清环境、穿戴整齐呢？虽然"举目无牛"，但你是不是仍在午餐时灌下了一盒牛奶呢？你是否可以用耳塞把耳朵牢牢堵上，对你那聒噪的兄弟姐妹充耳不闻呢？

这么说来，你的一天还算过得去。温度、光、声音、水……几乎环境中的一切都能由你来控制，如果不停下来想一想这事儿，你这一天还真是乏善可陈。

不会因引发细菌病而使人丧命的水，能将白天延长到深夜的人造光，让千千万万的人舒适地居住在短短 60 年前尚且令人难以忍受的气候条件下的空调，能够拥有这些奢侈的享受是件多么神奇的事情啊，但置身于发达社会中的绝大多数人对此却丝毫不以为意，甚至完全不把这些当作奢侈。但是，让这一切成为现实的又是谁呢？

谁也不是。

我是说，谁也不是唯一一个让这一切成为现实的人。

如果想要理解伟大的创见是如何彻底改变这个世界的，你就必须摒弃所谓的"灵光一闪"的迷思。伟大的发明之所以会出现，并不是因为某位孤傲不群的天才在智力上独霸群雄。从本质来说，一些创意其实是由另一些创意组成的网络。我们利用时下的工具、象征、概念及科学理念，将其重新糅合成一种新的东西。但是，如果没有合适的基础材料，无论你多么杰出，你都无法有所突破。

由千千万万前人的创造力打造的一大批事物和体系，充斥并支撑着我们的生活：这些发明家、业余爱好者及改革家为了解决某个难题而不懈地努力耕耘，对于那些我喜欢称为"慢直觉"的需要数十年而非数秒才见端倪的创意，他们也决不言弃。

他们，就是做出不凡之事的平凡人。

这些思想家和梦想家，就是我们故事的主角。在他们的天才构想中，很少有哪个能够立即颠覆世界。他们多半只是萌生了一些直觉，一些朦朦胧胧，甚至不着边际，但却隐隐预示着背后更加宏伟的构思的想法。最终，就是这些想法合力将改革带入了我们的生活方式。

发明和科学发现往往会在历史中的某些特定时间点成批出现，一小撮分布在全球各地的研究人员能够不约而同地获得完全相同的发现。电池、电报、蒸汽机及数码音乐库都是由不同的人在短短几年内各自独立发明出来的。这种同时出

图0-1　在密歇根的底特律，一辆电动汽车的电池正在充电，摄于约1919年。电动汽车的研发始于19世纪90年代

现的发明，科学家和学者已经记录了成百上千例。

这本书中的发明，比如玻璃镜片、空调、录音机、干净的自来水、腕表及灯泡，都来自日常生活，而不是科幻小说的产物。这是一段值得讲述的历史，一个原因就是：它让我们擦亮双眼，重新审视我们已经习以为常的世界。而记录这段历史的另一个原因就是，这些发明在社会上引发了一系列比大家想象的广泛许多的改革。

发明的缘起通常是尝试解决某个具体的问题，但传入社会之后，这些发明便会引发几乎无从预料的新一轮变革。人类喜欢将自己看作掌控这个世界的决策者。的确，政治或军事领袖、艺术家、科学家或发明家、投票的选民或抗议活动的有意策划或行动都可能带来某种新的现实，因而往往能够带来改变。但是，社会的变革却不一定是人类的有意选择所带来的直接结果。有的时候，创意和发明有如自己插上了双翼，会引发超越其创造者预想的改变。你可能不会想到空调的发明竟能改变美国的政局，也料不到谷登堡的印刷机能够直接促进望远镜和显微镜的诞生，但是有的时候，重大发明就是这样通过出人意料的途径改变世界的。

随着创新产物的流传，其影响可谓好坏参半。比起马，汽车能让我们更高效地在空间中移动，但这种便捷能够抵消其对环境造成的污染吗？手机和短信可以让我们瞬间接触人与信息，但是它们对面对面的交流及其他社交能力、在公共空间的共处甚至驾驶安全又有着怎样的影响呢？

关于本书的主题，我应该再额外说明两个因素：书中及书名中的"我们"，主要是指北美洲和欧洲的"我们"。（关于中国、印度、中东地区或南美洲国家"如何走到今天"的故事虽然同样引人入胜，但却另有不同。）科学方法的出现、工业化的崛起等一些重大事件最早出现于欧洲，现已传播至全球。（这些事件为何最早出现在欧洲，当然是世界上最有趣的问题之一，但这并不是本书要解答的。）

另外，虽然本书中出现了几位杰出的创新女性——比如第一位电脑程序员阿达·洛芙莱斯及企业家安妮·默里（Annie Murray），但是绝大多数故事都发生在女性被强烈反对担任科学家、发明家或企业家等职位的时代。因此，本书介绍的绝大多数创新者都是男性。好在性别平等在过去数十载的发展方便了女性获得科学发现和创造改变世界的设备，但不可否认，要想搭建一个完全平等的竞技场，要做的工作还有很多。我敢打赌，当未来的历史学家在 50 年后书写本书的新版时，他们就算想出一本只有女性的特辑，也完全不会缺素材。

我给大家讲的这个故事，是对历史的"远观细看"：通常来说，我们习惯通过个人或国家的故事来审视历史，但从根本来讲，这些界限太有局限性。微观层面的原子世界中有历史，宏观层面的全球性气候变化之中有历史，夹在二者之间的所有层面之中也包含着历史。要想把这个故事讲好，我们就需要一个能够将所有这些不同层面都公平呈现出来的框架。比如说，要想理解透明的玻璃为何会对现代世界产生如此大的影响，我们就要仔细研究二氧化硅这种构成玻璃的材料的次原子粒子性质，同时，我们也需要把镜头拉远，审视一下威尼斯这座城市的玻璃制造工业。

从我们居住的地方、吃的食物、生产和消费的物品，再到我们获取资讯和寻求娱乐的方式，我希望让大家看到这些看似互不搭边儿的世界是如何因一位位无名英雄联系在一起的，正是他们的问题、好奇心及永不言弃，催生了塑造我们现代世界的发明及其连锁反应。

换言之，我希望让大家看到，我们是如何走到今天的。

加利福尼亚州马林县

2017 年 8 月

第1章

玻璃

若说沙漠里有热的东西，这听起来并不稀奇。但是，我们所说的事物的温度非常高，其影响也非常大。

大约 2 600 万年前，在至少 1 000 华氏度（约 538 摄氏度）的极度高温下，利比亚沙漠中的二氧化硅颗粒熔化并融合在一起。许多科学家认为，这个事件是由彗星撞击地球和爆炸导致的。当这些被过度加热的沙粒的温度降至熔点之下后，利比亚沙漠中的一大片区域便覆上了一层……玻璃。

大约几千年到 1 万多年前，某个行经沙漠的人无意间发现了一大块玻璃碎片。这块玻璃在市场和早期文明的社会网络中流通开来，最终被雕刻成圣甲虫的形状，作为一枚胸针的中心装饰。这块玻璃就这样静躺了 4 000 年，直到考古学家于 1922 年从法老图坦卡蒙的陵墓中将它挖出，而这位法老，就是众人皆知的"图特王"。

二氧化硅这种化合物在地球上储量丰富。硅这种构成了超过 50% 的地壳的元素，在碳基生命体（比如人类）的自然新陈代谢过程或是以化石燃料和塑料为基础的科技领域几乎起不了任何作用。二氧化硅之所以在进化过程中无甚作用，一个原因就是这种物质的绝大多数有趣的特性都要在超过 1 000 华氏度的温度下才会显现。在人类发明出火炉之前，缺少合适的技术，这样的高温是不会在地球表面出现的。通过在可控环境中制造出极度高温，我们将二氧化硅分子中的潜能释

图1-1 这枚珠宝胸饰，出土自图坦卡蒙法老的陵墓

放，研究出了制造玻璃的方法。很快，我们观察世界和审视自我的方式便发生了转变。

玻璃制造

在公元 1 世纪和 2 世纪的罗马帝国鼎盛时期，玻璃制造从用于生产饰品转化为一种先进的技术。当时，玻璃工匠们想出了各种方法，打造出比图特王的圣甲虫中的天然玻璃更结实且更透明的材料。罗马工匠将熔化了的二氧化硅塑造成饮水器皿、储存容器及窗玻璃，这也是历史上人类首次制造窗户。

时光向前加速 1 000 年，我们来看看罗马帝国东部的君士坦丁堡，这座富饶的城市便是现在土耳其伊斯坦布尔的前身。1204 年的那场导致这座城市沦陷和毁灭的战争，成为让全球都为之震颤的一大历史巨变。这场战争也让一小群来自土耳其的玻璃工匠西渡地中海，在威尼斯共和国这个亚得里亚海岸上的繁华城邦中落脚。

图1-2 公元2世纪的罗马玻璃。许多古文明都具有制造玻璃物件的能力，但成品不透明且往往带有颜色

13 世纪时，威尼斯是世界上最重要的商贸港口。定居在这里并将炉子里的火烧得特别旺的土耳其玻璃工匠制造出新颖的奢侈品，供商人在全球销售。然而，一不小心把邻居家烧毁的事情也偶有发生。

1291 年，为了维护玻璃工匠的赚钱手艺和确保公共安全，威尼斯政府命令土耳其人搬到 1 英里①外位于威尼塔潟湖的穆拉诺岛。不经意间，政府便打造出一个与硅谷类似的我们今天所称的"创新中心"，让新的创意和科学技术在这里竞相绽放。

经济学家将这种现象称为"信息溢出"。当许多人聚集在一起时，创意便自然而然地在人与人之间流传开来。穆拉诺岛人口密集，而许多玻璃工匠之间有血缘关系，这更使得关于玻璃制造的新创意快速地传播开来。穆拉诺岛的成功不仅是分享的结果，也是竞争的结果。

作为这个创意社群中的一员，穆拉诺岛的一位名叫安杰洛·巴罗维耶的玻璃工匠实现了玻璃制造业中的一大突破，这是个引人注目的突破，而"一目了然"也恰恰是他对玻璃所追求的效果。在使用不同物质进行了数年的试验之后，巴罗维耶对他从几百英里之外的叙利亚进口来的富含矿物质的猪毛菜进行燃烧，从灰中提取矿物质，并将矿物质加入熔融玻璃。混合物冷却后变成了一种不同寻常的玻璃：透明

①　　1 英里约为 1.6 千米。——编者注

图1-3 到14世纪，穆拉诺岛已经以"玻璃岛"的称号被人熟知，这里产出的华美花瓶和其他精美的玻璃器具在西欧各国成了人们身份的象征。玻璃工匠们至今仍在那里进行生产，其中许多人都是来自土耳其的第一代移民的直系后裔

玻璃。这就是现代玻璃的诞生。

时至今日，我们已经理所当然地认为玻璃就应该是透明的，在生活中随处见到玻璃也不以为奇，甚至已经不把玻璃看作一种科技上的突破。但是700多年前，穆拉诺岛正是凭借打造透明玻璃的技术成为世界上科技最发达的地方之一的，而巴罗维耶的突破所产生的影响之大，远远超出了他的想象。

我们现在知道，绝大多数材料都会吸收光能。但二氧化硅的构成却使得光线从中穿过，因此玻璃才是透明的。玻璃也可以被用来弯折、扭曲甚至隔断光波。这种性质比其纯粹的透明性质更加富有革命性。

看得更清晰

在 12 世纪和 13 世纪的欧洲修道院里，修道士苦读着宗教手抄本。抄本的文字和图画既精细又复杂，而修道士却常常要借着忽明忽暗的烛光读书。许多修道士开始使用弧形的厚玻璃片来辅助阅读，这些玻璃就像是置于书页上的笨重的放大镜。

没有人确切知道这件事发生的时间和地点，在意大利北部，中世纪的玻璃工匠将这一发明发扬光大。他们把玻璃打造成两块中间凸起的小圆片，为每块圆片镶上边框，然后在顶部将两个边框连接在一起。看啊，世界上的第一副眼镜就这样诞生了！

几代人过去，这个巧妙的发明物几乎一直是修道士和学者的专属用品。当时，绝大多数老百姓仍是目不识丁，在日常生活中几乎没有必要去解读像文字这样的微小图形。因此，眼镜一直都是稀奇而昂贵的物品。

图1-4 这是世界上已知的第一幅戴眼镜的修道士的画像,绘制于1342年。这种早期的眼镜被称为"roidi da ogli",也就是"给眼睛用的圆片"。由于它们形似小扁豆,而小扁豆在拉丁语中被称为"lentes",因此,镜片的英文名也就成了"lenses"

一位德国的金属工匠改变了一切。

15世纪40年代，约翰·谷登堡以压榨用来酿酒的葡萄的木制螺旋压榨机为原型发明了印刷机。他制作出可多次利用的金属质字母（活字），然后便开始印刷。谷登堡著名的印刷机就是一个对既存科技加以改进，并在一个完全不同的领域中收获全新成效的绝佳例子。

由于谷登堡的发明，印刷书史无前例地变得既便宜又便携。而这也通过多种途径引发了一股打开大众眼界的识字浪潮。许多人逐渐认

图1-5　15世纪50年代出版的谷登堡版《圣经》，是世界上第一本用活字印刷术印制的书。这本书现属纽约公共图书馆藏品

识到他们患有远视，把印刷着字的纸张等东西拿到近处便看不太清楚。他们需要眼镜。

谷登堡的发明问世不到 100 年，全欧洲数以千计的眼镜工匠的生意蒸蒸日上。在衣物于很久以前的新石器时代问世之后，眼镜是普通人频繁穿戴在身上的第一件"高科技"物件。

CONSPICILLA.

Inuenta conspicilla sunt, quæ luminum   Obscuriores detegunt caligines.

图1-6　这幅版画（绘于约1600年）展示了一位眼镜商（左）、一位书贩（右），还有几个戴着眼镜的人

欧洲不仅充斥着各种各样的镜片，也有着关于镜片的五花八门的创意。二氧化硅的性质不仅能被用来让我们更清晰地审视肉眼能看到的东西，也破天荒地被用来帮助我们看到打破人类视力自然局限的东西。

镜片带来的生活质量提升

16 世纪 90 年代，在荷兰小镇米德尔堡，眼镜工匠汉斯·詹森和查卡里亚斯·詹森父子尝试着将两块镜片叠放在一起，发现它们将被观察的事物放大了。

就这样，詹森父子发明了显微镜。

不到 70 年后，英国科学家罗伯特·胡克利用这项发明得到了一个重大发现。他透过显微镜的镜片观察一片软木塞薄片，发现薄片"是由孔或者说像修道士居住的单间一样的东西构成的，（薄片）不是很厚，却由大量的小方格组成"。就这样，胡克给生命的一种基本结构单元取了名：细胞。而细胞的发现，也触发了科学和医学界的一场变革。

显微镜催生真正有改革意义的科学成果，几乎用了三代人的时间，但是相比之下，另一种带有玻璃镜片的仪器却很快就引发了变革。显

图1-7 罗伯特·胡克的显微镜，1665年。在之后很长一段时间里，显微镜让我们看到了肉眼不可见的菌落和病毒群，从而促使现代社会疫苗和抗生素诞生

图1-8 胡克用显微镜观察了跳蚤、苍蝇、木头、树叶，甚至自己冷冻过的尿液，并将自己所见画在其于1665年出版的突破性著作《显微图谱》中

微镜发明20年后，一批荷兰镜片工匠差不多在同一时间发明了望远镜。意大利科学家伽利略在了解到这种"能将远处的事物显示得如同近在眼前"的神奇而新颖的设备后，对其设计做出了改进，达到了将正常视觉放大10倍的效果。1610年1月，伽利略利用他的望远镜观察到卫星绕木星运动。而这也是对所有天体都围绕地球运动的根深蒂固的认知的第一次真正挑战。

到了几百年后的19世纪和20世纪，镜片继续对社会产生巨大的影响。照相机镜片帮助摄影师将光束聚焦于能够捕捉图像的经过特殊

图1-9 伽利略画像。谷登堡的印刷机加速了伽利略等科学家的理念的流传。但伽利略的研究成果却与罗马天主教会的教义相悖，他最终被监禁于意大利的佛罗伦萨

处理的纸上。摄像机和投影仪也首次利用镜片记录并放映了"能动的影像"。人们钟爱到电影院观影，而到了20世纪40年代，发明者发现，在玻璃上涂上荧光粉并向其发射电子便能够产生图像，随后，待在家里收看电视也成了人们的一大爱好。

　　想一想现代生活中所有必不可缺的源于透明玻璃的元素吧：通过显微镜研究细胞和微生物而获得的医学突破；照片、电视节目及卖座大片；汽车和飞机上的挡风玻璃；用玻璃建造的摩天大楼。如果威尼斯人没能发明出透明玻璃，或是光线根本无法从二氧化硅中穿过，那

么今天的世界将会是一幅多么不同的光景呀！

所有这些发明都要依赖玻璃透光和控制光线的能力。但是，穆拉诺岛和文艺复兴时期的镜片工匠却没能开发玻璃的另一个物理性质。在被一个手持十字弓的人发现之后，这个性质也使现代社会发生了翻天覆地的改变。

准备，瞄准，发射！

19世纪80年代，物理学家查尔斯·弗农·波伊斯在伦敦的皇家科学院任职，擅长设计和制作科学仪器。1887年，波伊斯想制造一种极其精细的玻璃片，来测量微小的力量作用于物体时的影响。他打算利用一根细小的玻璃纤维来帮助他打造测量工具。但是，要到哪里去找这种纤维呢？

一种新的测量方法几乎总会涉及一种新型测量工具的诞生。波伊斯选用了一种非同寻常的方式来开发他的测量工具：他给实验室添置了一架十字弓，并为之搭配制作了轻型的箭（弩箭）。他使用封蜡将玻璃棒的一端与一支弩箭连在一起，将玻璃棒加热至软化，然后便发射！

图1-10　实验室中的查尔斯·弗农·波伊斯，摄于1917年

弩箭朝着靶子射去，从仍附着在弓上的熔融玻璃上拖出一条细长的纤维。在一次发射之后，波伊斯制造出了一根将近 90 英尺长的玻璃纤维。更让人不可思议的是，这种玻璃纤维竟然与同一规格的钢绞线一样坚固。

几千年来，人们因玻璃的美丽与透明而利用其制造物品，但却不得不规避其易碎的缺陷。而波伊斯却运用十字弓那坚定的一射，启发我们用一种全新的方式来思考这种用途多样的神奇材料：将玻璃的强韧利用起来。

20 世纪 30 年代，人们开始大批量生产玻璃纤维（glass fiber）。加入塑料树脂之后，玻璃纤维（fiberglass）[①] 这种全新的建筑材料便诞生了。玻璃纤维强韧且可弯折，现已随处可见。这种材料可用于制造绝缘体、衣物、冲浪板、游艇、头盔及计算机电路板，几乎已是无处不在。丰富了可替代能源可能性的风力涡轮机中的桨叶是由玻璃纤维制成的，而作为苍穹之中最大商用飞机的空中客车公司 A380 飞机，其机身也是由玻璃纤维制成的。与传统的铝制机壳相比，铝和玻璃纤维的混合材质使得飞机的抗疲劳和抗损坏能力得到了大幅度提高。

在用玻璃纤维进行创新的前几十年中，人们更多关注强度而非透

---

①   glass fiber 与 fiberglass 均翻译为"玻璃纤维"。——编者注

明性是很好理解的。让光透过窗玻璃或镜片的确重要，但考虑如何让光线穿透比人类的头发丝粗不了多少的纤维又有何意义呢？然而，一旦开始将光线看作一种为数字信息进行编码的方式，玻璃纤维的透明性便成了一种优势。

打开激光束

1970 年，相当于现代版穆拉诺岛的康宁玻璃厂的研究人员研发出一种玻璃，这种玻璃极其晶莹别透，就算做成一辆公交车大小，也仍然像普通的窗玻璃一样透明。（现在，这种玻璃即便被制成半英里长的玻璃砖，也能达到同样的透明度。）后来，贝尔实验室的科学家们制成这种超白玻璃的纤维，并将对应二进制码的频闪激光束顺着与纤维平行的方向透过纤维发射出去。（二进制码用 0 和 1 来代表电子设备中的字母、数字及其他对象。这是计算机和电信领域所用的语言。）集中而有序的激光和超白玻璃纤维这两种看上去毫无关联的发明组合，就是人们后来所知的纤维光学。相比铜质线缆，使用光纤线缆传输电信号的效率高很多，对长距离而言更是如此。与电能相比，光可容纳的宽带大很多，而受噪声和其他干扰的影响则小很多。当今，全球互联网的"脊柱"就是由光纤线缆搭建的。没错，我们的万维网就是由玻璃丝编织而成的。

想一想这个 21 世纪的全民行为吧：用你的手机咔嚓一声拍一张自拍照，将图像上传到应用程序中，再由此传播至世界各地的人的手机和电脑中。让我们再想一想玻璃在这整件事中所扮演的角色：我们通过玻璃镜片拍摄照片，用玻璃纤维制成的电路板对照片进行储存和调整，通过玻璃线缆将其传输到世界各地，再从玻璃制成的屏幕上欣赏观看它们。在整个链条中，随处都有二氧化硅的身影。实际上，自拍和玻璃之间有着悠久的历史。

我看故我在

1 400 年前，欧洲的艺术家绘制风景画、宫廷画、宗教场景及许多其他的题材。但是，他们并不画自己。作为自拍前身的自画像，便是我们在使用玻璃的能力上所获得的又一技术突破而带来的直接结果。

穆拉诺岛的玻璃工匠想出了新的创意，他们用锡和汞的混合物涂抹在透明玻璃的背面，打造出一个闪亮的高度反光的表面：镜子。这可谓一次名副其实的大曝光。在镜子出现之前，绝大多数人只能在水面或是抛光的金属上瞥见扭曲变形的自己，一辈子也没有真真切切地看过自己的模样。想象一下，连自己都不清楚自己的样子，该是怎样一幅光景啊。而这便是清晰的镜子问世之前的常态。

就如玻璃镜片将我们的视野延伸至天上的星星和显微镜下的细胞一样，玻璃制造的镜子也让我们第一次看清了自己。镜子对社会产生了不可估量的影响，艺术家能够绘制自画像和将透视画法作为视觉艺术中的正式手法，镜子在其中都发挥了直接作用。此后不久，欧洲文化中产生了倾向个人主义的巨变。一旦看见了自己，你就比较容易将自己看作国家、法律、经济甚至信奉的神灵的中心。由于这种全新视角的出现，法律开始愈加倾向个人，也带来了对人权和个人自由的新的重视。这种转变的出现是多重力量作用的结果，而镜面玻璃则是其中之一。

玻璃推动了现代自我意识的诞生，而现在，玻璃又在一座火山顶上协助我们探索着人类之外的世界。

眺望宇宙

冒纳凯阿是夏威夷大岛上的一座休眠火山，超出海平面近 14 000 英尺，向海底延伸近 20 000 英尺。火山顶部的地貌多石而贫瘠，即便是云，也大多飘浮于顶峰之下几千英尺空气干燥稀薄的地方。冒纳凯阿火山的顶峰是我们在双脚不离地的条件下能到达的距离地球陆地板块最远的地方，也就是说，夏威夷周围的大气不会因地貌各异的大陆板块对太阳能的反射或吸收而受到干扰。这里的大气是地球上最稳定的。这一切条件，都使得这座火山的顶峰成为观星的绝佳地点。

冒纳凯阿山顶共有 13 座天文台，这些巨大的白色穹顶散落在红色的岩石上，就像是某个僻远星球上闪闪发亮的前哨基地。其中有一座穹状建筑物是凯克天文台，这里设有地球上最大型、最先进的光学望远镜。凯克"双子"望远镜并不依靠镜片来施展魔法。要想尽可能从宇宙的遥远角落中捕捉光并对星球和星系有所了解，我们需要与一辆皮卡车大小相当的镜片。这种规模的镜片不但重量难以支撑，而且会无可避免地对图像造成扭曲。因此，凯克天文台的科学家和工程师便选取了另一种工具来捕捉这些极其微弱的光束：镜子。

每台凯克望远镜都有 36 块六边形的镜子，它们共同组成了一面直径为 33 英尺的反光面。射进来的星光反射到第二面镜子上，然后聚在一起并被一组仪器捕捉，由仪器对图像进行处理后展现在电脑屏幕上。即便是在冒纳凯阿超稳定的稀薄大气层中，微小的扰动也可能让被捕捉的图像变得模糊。于是，天文台使用了一套名叫"适应性光学仪器"的精密系统，对望远镜的观测进行纠正。人们往凯克天文台

图1-11 凯克2号望远镜在一个月白风清之夜发射出一道激光

上方的夜空发射激光，制造出一颗人造星星。由于科学家明确知道这道激光在没有大气层扰动的情况下的样子，因此这颗假星星便成了一个参照点。这样一来，通过将"理想的"激光图像和望远镜的实际显示图像进行对比，科学家便能测量出任何现存图像的失真程度。根据这些信息，计算机能够生成指令，让望远镜的镜子稍做伸缩，根据冒纳凯阿上空当晚的具体失真情况进行调整。这就好像一位远视者突然戴上了一副眼镜去阅读。

图1-12　冒纳凯阿山上的凯克天文台

　　透过凯克望远镜的镜子进行观察，我们实际上就是在回望遥远的过去，因为我们看到的物体中有些是距离我们几十亿光年的星系和超新星。玻璃又一次延伸了我们的视野，不仅让我们深入肉眼看不见的细胞和微生物世界，以及通过智能手机将世界各地的人联系在一起，还让我们一眼追溯到宇宙的混沌时期。刚开始时，玻璃只是小饰物和空器皿，而几千年后，它却已然栖身于冒纳凯阿顶峰的飞云之上，成为一台时间机器。

无处不在的硅

或许你为了看清这本书而戴着眼镜，或许你正通过智能手机或平板电脑阅读这页的内容，又或许你正在一脑多用地一边阅读我的文字，一边在YouTube（优兔）上看视频。无论你身在何处，也无论你在做什么，你的身旁估计都有100种以二氧化硅为基础而存在的物体，而以硅元素为基础的物体就更多了：窗户或天窗上的玻璃，手机自带相机的镜头，电脑的屏幕，以及任何带有微晶片或数字时钟的东西。玻璃改变了我们观察和体验世界的方式，也延伸了我们对人类的理解。现在的我们能够看清物体，看见自己，亦能看到肉眼看不到的东西和地球之外的东西，还能将我们所见与他人共享。在打破这些概念上，地球上没有什么物质比玻璃更有重要意义了。

第2章 寒冷

想象一下，你是 19 世纪之前居住在热带地区的众多人中的一位，虽然我们现在听来觉得不可思议，但你一辈子都没有见过任何冰冻的东西。不只是雪，你甚至连冰块都从未见过。更悲惨的是，冰激凌也不存在！

很久以来，居住在寒冷地带的人们一直在利用冰雪进行想象力丰富的创造。比如说，今天的我们能够入住一家房间温度达到零下 10 摄氏度的酒店，躺在冰床上入睡。但直到几百年前，我们才意识到该如何在温暖的气候中利用冰和寒冷。现在的我们不仅可以居住在沙漠中，甚至还可以在沙漠中滑雪。这场寒冷革命，始于一个炎炎夏日中对一杯冰饮的单纯渴望。

热带之冰

1834 年初夏，一艘名为"马达加斯加号"的三桅船驶入了巴西的里约热内卢港口。船上载着一件最让人意想不到的货物：由新英格兰湖泊的水结的冰块。

"马达加斯加号"及其船员服务于一位野心勃勃而坚忍不拔的波士顿商人，他名叫弗雷德里克·图德（Frederic Tudor）。在成年之后的绝大部分时间里，图德都是一个彻彻底底的失败者。虽然对冰雪长久以来的直觉害他失去了理智、财富及自由，但他却拒绝放弃。而他的坚持不懈最终也有了回报：他在今天以"冰王"之称闻名。

那时的图德是一个家境殷实的波士顿年轻人，在罗克伍德村有一座庄园。一直以来，他都很喜爱村里池塘结的冰。除了自然的冬之美感，池塘中的冰块对于全年使物品保持低温也很有作用。就像许多居住在北方气候带的富裕家庭一样，图德一家也会将冻好的冰块储藏起来。在他们家的冰库中，放置着重达 200 磅①的巨大冰块，冻得结结实实、完好无损。当炎炎夏日到来之时，冰库的主人便能从冰块上凿下冰片，让饮料变得清新爽口、制作冰激凌或是在热浪袭来的时候给洗澡水降温。

图德根据个人经验知道，如果远离阳光的照射，一大块冰就可以一直保存到盛夏时节。这个认识在他的脑中播下了一粒创意的种子。而一趟热带之旅，则让这粒种子生根发芽。

1801 年，17 岁的弗雷德里克·图德和他身患严重膝关节疾病的哥哥约翰一起乘船前往加勒比海，希望那里的气候能让约翰的身体情况有所好转。然而事与愿违：古巴哈瓦那炎热而潮湿的气候立刻就让

---

① 1 磅约为 0.45 千克。——编者注

图2-1　弗雷德里克·图德干练、自信，雄心勃勃得几乎让人忍俊不禁。第一次航行失败的30年后，图德在他的日记中写道："这项事业已然站稳了脚跟。现在它已无可取代，也不单靠某个人而存在。无论我是时日无多还是福多寿高，整个人类都将永远享受这一福祉。"

两兄弟败下阵来。他们很快便乘船回到美国，但闷热潮湿的夏季热浪也接踵而至。短短 6 个月后，约翰便不治身亡。

身处让人窒息、无处可躲的潮湿的热带气候中，图德心想：如果能啜饮一杯冰饮该有多么解渴呀！如果他能找到方法将冰天雪地的北方的冰块运送到西印度群岛，那么一定会大有市场。这是一个激进的想法，但全球贸易的历史已经向我们展示，将一个地方生产的商品输送到另一个稀缺的地方，是可以赚到大笔财富的。弗雷德里克认为，在波士顿几乎一文不值，而在加勒比海地区却如凤毛麟角一般的冰块，放在这个等式中可谓再合适不过了。

几年的时间在漫无目的中流逝。弗雷德里克·图德关于冰块生意的想法仍然只是个直觉。但是，他对这个看似荒谬的想法始终念念不忘，后来他向弟弟威廉说出了自己的想法。图德开始在他所说的"冰屋日记"中做记录。这本日记彰显了他对自己的计划不可动摇的信心，他写道："在一个热浪在一年中的几个月几乎让人无法忍受的国家，冰一定会被视为绝大多数奢侈品中的佼佼者。"他确信，冰块生意一定会给图德兄弟带来"大到让我们不知所措的财富"。（很明显，威廉对哥哥的计划的前景没那么有信心。）相比之下，在如何将冰运输到加勒比海，以及运送到目的地后该如何保存的问题上，图德的考虑似乎就没那么充分了。

然而，虽然图德的创意看上去荒诞不经，但他的确拥有能够将计划付诸实践的资源。他有雇一艘船的资金，也有大自然母亲为他源源不断地生产的免费的冰。就这样，在1805年11月，他派弟弟和另一个同辈堂（／表）亲前往位于加勒比海西印度群岛的马提尼克岛。他们的任务就是找到可靠的仓库，并在当地找到一位愿意拥有图德在几个月后带来的冰块的独家销售权的买主。

在等待这两位谈判代表回信期间，图德花了4 750美元购买了一艘叫作"至爱号"的帆船，开始采集冰块，为这趟大约2 000英里的旅程做准备。1806年2月，图德乘坐着满载罗克伍德冰块的"至爱号"从波士顿港口扬帆起航，引得媒体一阵揶揄。就像《波士顿公报》报道的那样："我们希望，这次投机买卖不会遭遇'滑'铁卢。"

这趟长达3周的旅程因气候原因而延误，但是冰在到达马提尼克岛后仍然保持得非常完整。真正的问题是图德从未考虑过的。岛上的居民对这种充满异域风情的"冰宝贝"毫无兴趣，完全不知道该拿来作何用途。

有的时候，一种物体的独特性会让人难以发觉它的用途。图德原本认为，冰块的新奇对他而言是一个优势。谁知，这冰冻起来的水迎来的却只有茫然的目光。民众对冰块买卖的无动于衷，成为威廉寻找这船货物的独家买主的绊脚石。更糟糕的是，他连储存冰块的仓库也没找着。

图德的投资在热带的高温下急速融化。他在全城四处张贴传单，宣传如何运输和保存冰块。他制作了冰激凌，用这种赤道附近罕见的美味吸引了少数本地人的注意。尽管如此，但冰块的销量仍然不佳。图德在日记中写道，这趟倒霉的热带之旅已经让他损失了将近4 000美元。尽管少有岛民对冰块望眼欲穿，但他仍然坚持往加勒比海派遣运冰船。与此同时，图德家族的产业崩溃，而沉船事件和贸易禁令让情况雪上加霜。1813年，图德破产，被债务人拉入黑名单。

但图德仍然选择了勇往直前。他在新英格兰的房产除了为他提供冰块，还给了他另一个不可或缺的优势。与满是甘蔗种植园和棉花地的美国南部不同，美国东北部各州大多缺少能够在其他地方进行销售的自然资源。这就意味着从波士顿港口出发的船只往往要空舱离港，先驶往西印度群岛载满珍贵的货物，再返回美国东部沿海地区的繁荣市场。花钱让船员们驾驶空船出海，这实际上就是在白白"烧钱"。任何货物都是聊胜于无的，也就是说，图德可以让船主用平时空船出海的船只装载他的冰块，通过谈判为自己争取一个相对便宜的价格。这样一来，他就避免了购买和保养船只的成本。

当然，冰块之美的一部分原因就在于这是一种基本免费的资源：图德只需要花钱雇请工人从冰冻的水域将冰块凿出。新英格兰的经济发展催生了另一种在人们眼中同样一文不值的产品：锯木厂的主要废料——木屑。图德花了几年的时间做了不同的尝试，发现木屑可以作为冰块绝佳的绝缘体。在层层堆叠的冰块之间用木屑隔离，可以让冰块的保存时间比不采取任何保护措施长将近一倍。这便是彰显图德精打细算的天赋的地方：他将冰、木屑及空船这三样市场定价几乎为零的东西组合在一起，最终变成了一门红红火火的生意。

图德从马提尼克岛的初次惨败之旅中吸取了教训，并开始尝试各种冰库设计方案，以便将他的货物与热带的高温隔离开来。他最终选定了一套双壳结构，利用两堵石墙之间的空气来保持建筑内部的凉爽。

图德虽然不懂运输和储存中涉及的分子化学知识，但木屑和双壳结构建筑都遵循了同样的原理。冰块会从周围环境中吸收热量，从而融化。这个过程发生在冰块的表面，而如果在冰块和热之间安插一种缓冲物，融化的速度便能减慢。空气不利于导热，因此是一种良好的缓冲物。在图德的双壳冰库的两堵墙之间便有着充足的空气。他在船上所做的木屑包装，也因木屑之间的气穴而确保冰块得到了隔离。

到 1815 年，图德终于将冰块难题的关键碎片拼在了一起：采集、隔热、运输及储存。仍在被债主追债的他，已经开始往他在哈瓦那建造的最为先进的冰库频繁发货了，在那里，人们对冰激凌的喜爱已经被慢慢培养了起来。第一次灵感来袭的 15 年后，图德的冰块生意终于开始赢利。到 19 世纪 20 年代，他开始在美国南部各地输送和储存冰冻的新英格兰之水。到19世纪30年代，图德的船只已经驶向巴西和印度孟买。

冰凉的饮料成为美国南部各州人民的生活必需品。（即便时至今日，美国人也远远比欧洲人更喜欢在饮料里加冰，这便是图德当初的雄心所留下的深远影响。）到1850年，图德的成功已经激励了无数人竞相效仿，每年运往世界各地的波士顿冰块更是超过了10万吨。时至1860年，每三户纽约家庭中就有两户每天都有冰块送上门。按照今天的标准计算，图德在1864年去世时所集聚的财富，已然超过了2亿美元。

图2-2 马萨诸塞州的"采冰"，约1850年。男孩们用铲子将雪清理干净，然后男人们用锯子手工粗切出大块的冰。图中所示的双刃马拉式切冰器的发明，让这一过程变得更加省力

外带冻肉

由冰驱动的冰箱改变了美国的商业和政治版图，其中尤以芝加哥的转变最为突出。芝加哥最初的崛起，是由于将这座城市与墨西哥湾和东部沿海地区联结在一起的一条条运河和铁路线。自然条件和 19 世纪一部分最雄心勃勃的工程师的造就，使得芝加哥成为四通八达的交通枢纽，也让土壤肥沃的美国中西部盛产的小麦流向东北部人口密集区。然而，肉品在同样的运输过程中则会不可避免地出现腐坏。19 世纪中期，芝加哥在保鲜猪肉领域开发出一桩大生意。人们在城郊的牲畜场中屠宰生猪，加盐后放在桶里运往东部。但是，新鲜的牛肉基本上仍然只是本地产销的佳肴。

随着 19 世纪的发展，美国东北部的饥饿城市与中西部的牧场之间出现了供求的失衡。在 19 世纪 40 年代与 50 年代，巨大的移民潮使得纽约、费城及其他东部中心城市的人口激增。当地的牛肉供应商已经满足不了人们骤升的需求，而与此同时，北美的大平原被征服之后，虽然牧场主们能够饲养大批的牛，但周边地区有牛肉需求的人却寥寥无几。虽然可以用火车将活牛运到东部各州在当地屠宰，但运送全牛不但费用高昂，牛也常常会在途中出现营养不良或受伤的情况。在运抵纽约或波士顿后，几乎有一半的牛已经不能食用了。

而冰块则重新恢复了供需平衡，让更多人吃上了肉。

1868 年，芝加哥的猪肉大亨本杰明·哈钦森（Benjamin Hutchinson）新开了一家创新的肉品加工厂。加工厂中设有满是冰块的冷却室，一整年都能对猪肉进行低温保鲜、加工及运输。哈钦森的冷却室启发了其他的企业家将冰冻设备加入肉品加工行业。一些公司开始在冬季利用露天火车车厢将牛肉运到东部，依靠室外的低温为牛肉保鲜。

1878 年，古斯塔夫斯·富兰克林·斯威夫特（Gustavus Franklin Swift）雇用一位工程师建造了一款先进的冷藏车。这款车完全就是为了全年往东部沿海地区运输牛肉而设计的。冰块被放在肉品上方的桶内，在沿途站点停靠的时候，工人们可以从车的上方将新的冰块换进去，而不用翻动下面的肉。铁路冷藏技术的突破，也引出了冷藏船只的新可能。就这样，芝加哥的肉品生意扩大到了全球各地。

肉品贸易的爆炸性成功改变了美国平原的地理风貌。绿油油的广袤草场被工业化的饲养场取代。在芝加哥的牲畜围场中，平均一年被屠宰的牲畜就达到 1 400 万头。从昏暗的饲养场到鲜血淋漓的牲畜栏流水线，再到冰冷的运输火车，通往工业化食物生产链的道路就这样铺设而成。

图2-3 芝加哥因铁路和屠宰场而蓬勃发展。但若说芝加哥是一座建造在冰上的城市，也完全不为过

冰使得一种新的食物网变得不再遥不可及。但即便到了燃煤电厂、铁路、电报及其他创新发明剧烈冲击人们的生活和工作方式的 19 世纪中期，整个制冰行业也依然完全依靠老旧的技术：从河流、湖泊或池塘冻成的冰上凿下大块的冰。进入工业革命一个世纪后，人工制冷仍然是一个幻想。

数以百万计的美元从热带地区哗哗流入冰块大亨们的口袋，人们对冰块的商业需求向全世界发出了寒冷能让人发家致富的信号，而这也不可避免地启发了一些善于发明的头脑去开发符合逻辑的下一步。

故事的新篇章又一次在一个炎热的地方展开，这次的故事中出现了一个新的角色：蚊子。

全新制冷

如果你居住在亚热带气候区的沼泽附近，那么你就会与蚊子——不计其数的蚊子——比邻而居。而有蚊子的地方，就很可能会有疟疾。

1842 年，在佛罗里达州阿巴拉契科拉的一家简陋的医院里，约翰·戈里（John Gorrie）医生正在焦急地寻找能够救治被蚊虫叮咬而出现疟疾发热的病人的方法。他将冰块悬挂在医院的天花板上，以此来降低空气的温度，从而为病人祛热。然而，戈里聪明的对策却被佛罗里达的另一个自然因素搅黄了：飓风。这些风暴导致了一连串的沉船事件和发货延误，戈里的存冰也耗尽了。这位年轻的医生开始为医院琢磨一个更大胆的解决方案：自己制造冰块。

一直到 19 世纪中叶，世界上最为聪明的大脑仍然没有发明出冰箱，因为打造冰箱必备的基本材料尚不存在。到了 1850 年，拼图的碎片终于被凑到了一起。工程师们对蒸汽机如何转换出热量和能量有了更深的理解，能够更加精准地测量热和质量的工具被开发出来，而

图2-4　1851年，约翰·戈里医生为他的一款能够制冰的机器申请了专利。但自然形成的冰量足且价廉，戈里的创意在生意场上寸步难行。他在穷困潦倒中与世长辞，一生没能卖出一台制冰机

摄氏度、华氏度等标准单位也相继问世。

这些信息全都为戈里所用，也帮助他搭建起打造制冷机器所需的新的联系。在戈里的设计中，气泵中的能量对空气造成了压缩。这种压缩导致空气升温，升温后的空气流过用水降温的管道。压缩的空气在膨胀时会从周围吸收热量，而热量的吸收则使周围的空气温度下降。这种设计甚至可以用于造冰。戈里为他的机器申请了专利，并高瞻远瞩地预言这种机器能够"更好地造福人类……水果、蔬菜和肉类在运输过程中都可以用我的制冷系统来保鲜，这样就能让所有人享受到新鲜的美味"。

这位优秀的医生果然是有先见之明的，但他并不是唯一一位。突然之间，人工制冷的创意仿佛"充斥在空气中"一般，世界各地独立发现了基本相同的理念的人也都申请了专利。现有的科学知识，加上冰块生意带来的巨大财富，让人工制冷相关的发明时机变得成熟起来。

其中一位同时期的发明家便是法国工程师费迪南德·卡雷（Ferdinand Carré），他设计的制冷机与戈里的版本遵循了同样的基本原理。虽然卡雷的机器模型是在巴黎制造的，但这一模型的成功却要归功于一系列在美国展开的事件。

1861 年美国内战爆发之后，联邦海军封锁了南部的船只，切断贸易往来，以此削弱美利坚联盟国（南方邦联）的经济。没有船只往来也就意味着没有冰块供应。为了协助抵御美国南部的冰荒，卡雷的

图2-5 这幅版画描绘了一支偷渡船队于1863年4月16日在密西西比的维克斯堡冲破封锁的情形。随着内战的加剧，偷渡船不仅走私火药或武器，有时候还会装载新奇的物件，比如卡雷的制冰机

制冷机被一路从法国走私到了美国的佐治亚州、路易斯安那州及得克萨斯州。在此期间，一批创新者对卡雷的机器进行了改进，提升了机器的性能。几家工业化的制冰厂开张营业，到内战结束5年后的1870年，美国南方各州人工制造的冰块比世界上任何地方的都多。

人工制冷技术爆炸式发展，成为一个巨大的行业。城市不再受到周围资源的羁绊，开始飞速发展。品种丰富的食物进入人们的生活，让大批民众变得更加身强体壮。人工制冷塑造了一个全新的美国。

瞬间冰冻

ICE UP TO 40 CENTS
AND A FAMINE IN SIGHT

───────

New York's Visible Supply Less Than a Third of Last Year's.

───────

EVEN MAINE'S CROP FAILED

───────

Despite the Advance In Prices the Ice Company Men Say They'll Lose Money This Summer.

───────

图2-6　1906年的《纽约时报》标题。在不到一个世纪的时间里，冰经历了从新奇事物到奢侈品，再到必需品的转换。这年气候异常的暖冬，让人们争相预测一场"冰荒"的到来。图中文字意为：冰价溢至40美分，一场冰荒迫在眉睫；纽约现有存冰不到去年的1/3；缅因州的产量也出现下跌；虽然冰价上涨，但制冰公司人员仍称他们今夏会赔钱

1916 年冬，一位古怪的博物学家和企业家将他新组建的家庭搬到了加拿大北部偏远的拉布拉多冻原。克拉伦斯·伯宰数年冬天都是在这里独居度过的，他开了一家皮草公司，还为美国政府写科学研究报道。

拉布拉多的冬季气温经常会低于零下 30 华氏度（约零下 34 摄氏度），严酷的气候条件意味着人们在冬天吃的食物往往不是冻鱼就是"泡汤面包"，也就是当地一种用腌鳕鱼和硬面饼做的主食。（这种硬面饼是一种硬得像石头一样的面包，煮过之后搭配油炸的小块盐渍肥猪肉食用。）任何在较为温暖的月份中存下的肉品或农产品在解冻后都会变得软塌塌的，吃起来味同嚼蜡。

伯宰和当地的一些因纽特人玩起了冰下钓鱼，他们在冰冻的湖面上挖洞，然后布下鱼线钓鳟鱼。在零下气温下，钓到的鱼拉上湖面不过几秒就会冻成冰疙瘩。但这些鳟鱼经过解冻、烹饪、端上桌，却比平常那些让人难以下咽的解冻食品美味许多。伯宰着了迷，发誓要找出其中的玄机。

刚开始的时候，伯宰推想鱼的味道之所以更鲜美，只不过是因为这些鱼是新捉上来的而已。但是，随着研究的深入，伯宰越发感觉其中还有其他的因素在起作用。首先，与其他冷冻保存的食物不同，从冰下钓上来的鱼的鲜味能够保持几个月。他开始用蔬菜做实验，并发

图2-7　克拉伦斯·伯宰在加拿大拉布拉多，摄于1912年。这位博物学家也是一位很有冒险精神的美食家，钟爱不同文化的餐饮。他在日记中记录了自己吃过的东西，从响尾蛇到奥鼬，不一而足

现在深冬冻上的蔬菜吃起来比在深秋或早春就冻上的更美味。（拉布拉多的 3 月或 11 月虽然没有 1 月那样寒冷，但依然足以冷冻食物。）伯宰用显微镜对食物进行了观察，发现食物在不同时节的冷冻过程中形成的冰晶存在天壤之别：那些淡而无味的冷冻蔬菜的冰晶大很多，而且似乎对食物本身的分子结构造成了破坏。

最终，伯宰找到了答案：这个问题不仅涉及温度，还涉及速度。结冰速度慢，便会导致冰的氢键形成较大的晶体结构。然而数秒内发生的被我们现在称为"速冻"的结冰过程所形成的冰晶小很多，对食物的破坏也较小。这也就解释了为何 1 月冷冻的食物比 3 月冷冻的食物更加美味：早春相对较温暖的气候意味着食物需要更长时间才能冷冻住。几百年来，因纽特人一直将活鱼直接从水中钓到寒冷刺骨的空气之中，从而一直享受着速冻带来的新鲜美味。

拉布拉多的冒险结束之后，伯宰和他的家人回到了纽约的老家。伯宰在渔业协会找了一份工作，目睹了纽约港口捕捞鳕鱼的拖网船使用的肮脏容器，容器里腐烂的鱼肉便是 20 世纪早期冷冻食品行业所用的原料。他继续记录自己所做的低温实验，意识到随着人工制冷的日益普及，冷冻食品市场蕴藏着巨大的潜力。但是，从他的慢直觉发展到有商业价值的产品，却用了将近 10 年。

20 世纪 20 年代初，伯宰研制出一种速冻技术，可将一盒盒堆积

摆放的鱼肉在零下 40 华氏度的低温下冰冻起来。受到亨利·福特 T
型汽车工厂全新工业化流水线的启发，伯宰创造了一种名叫"双输送
带冷冻"的方法，将其运用在一条高效流水线上。他发现，无论是水
果、肉类还是蔬菜，几乎任何使用这种方法冷冻的食物在解冻后都异
常新鲜。他创建了一家名叫"通用海鲜"的公司，开始使用双输送带
冷冻机进行生产。

图2-8　新泽西的一位工人正在为伯宰公司流水线上的速冻蔬菜打包，摄于1942年

速冻产品从时间和空间上扩大了食品网络的范围。从北大西洋捕获的鱼，人们在丹佛或达拉斯都能够吃到。夏季收获的农产品可以放好几个月再吃；我们在 1 月就可以吃到冷冻的豌豆，而不必为了吃新鲜豌豆再等 5 个月。

伯宰的实验前景广阔，在 1929 年带来美国经济大萧条的股市暴跌前短短几个月，通用海鲜公司被另一家公司收购，也让伯宰成为一名千万富翁。正如所有大的创见一样，伯宰的突破不只是单独的一个灵感，而是由多个创意通过新的方式组合在一起形成的体系。

凉爽生活

最终，一整个围绕制冷展开的经济产业发展了起来。弗雷德里克·麦金利·琼斯（Frederick McKinley Jones）等发明家对这一产业做出了突出的贡献。20 世纪 30 年代，琼斯设计了一款能够放在卡车上的小巧耐用的冷柜，可为放在其中的东西进行低温保鲜。第二次世界大战之后，他又开发出能够在火车、船只、卡车之间被搬运的制冷机器，完善了美国的食品配送体系。

到 20 世纪 50 年代，美国人已经习惯了一种深受人工制冷技术影响

图2-9 弗雷德里克·麦金利·琼斯。虽然他生活在一个非裔发明家很少得到认可或机会的年代，但他仍然申请了40多项制冷方面的专利。他改革了移动制冷技术，并在1938年联合创立了冷王制冷公司

A gift in a million...for a wife in a million!

8-cu-ft model (NH-8), illustrated. Also available in 10-cu-ft size. Features include special butter conditioner in door . . . ample bottle space with room for tall bottles . . . sliding shelves . . . two deep drawers for fruits and vegetables (can be stacked to make extra room for bulky items). Freezer compartment has 3 ice trays and covered dessert pan

General Electric 1949 Two-door Refrigerator-Home Freezer Combination

This year—if you want to make your wife the happiest woman in the world—let your major present be a new General Electric Refrigerator-Home Freezer Combination.

You might not appreciate all that it means to have this most advanced refrigerator.

But you can be sure your wife will. She'll know you're giving your family years and years of better living—greater kitchen convenience —tastier foods on the table—and new economies in buying and keeping foods.

She'll fall in love with that big, separate home freezer compartment, with its own separate door. For it freezes foods and ice cubes quickly . . . maintains zero temperature at all times! The 10-cubic-foot model holds up to 70 pounds of frozen foods.

And she'll thrill over the moisture-conditioned refrigerator compartment that gives as much refrigerated fresh-food storage space as in ordinary 8- and 9-cubic-foot refrigerators!

It never needs defrosting . . . , no need to cover dishes.

And she'll know, of course, that the General Electric trademark means utmost dependability . . . , dependability based on an unexcelled record for year-in, year-out performance.

We can't begin to tell you here the story of this most wonderful of gifts for the home.

So why not do this: Take your wife to the nearest General Electric retailer. Let him give you a demonstration of the General Electric Refrigerator-Home Freezer Combination.

Then—later on—when your wife gets through talking about how much she'd like one of those great refrigerators, just say quietly—"I'm giving you one for Christmas, darling!"

General Electric Company, Bridgeport 2, Connecticut.

More than 1,700,000 General Electric Refrigerators in service ten years or longer.

GENERAL ⬤ ELECTRIC

图2-10 1945—1949年，美国人购买了2 000万台冰箱，用来储存每年售出的30万吨冷冻食品。冷冻卡车、冷藏仓库、设有冰柜的超市和为城郊新房供电的输电网络，都成为推动人们在厨房添置电冰箱的因素。这则1949年的广告让我们看到了负责照管这种电器和装在里面的冷冻食物的人群：当时普遍被认为应该待在厨房里的女性。图上第一行广告语：万里挑一的礼物，送给万里挑一的她！标题：通用电气1949款二合一冰箱/家用冷冻柜

的生活方式，他们从当地超市的冷冻区购买速冻晚餐，再把晚餐堆放在新买的北极牌冰箱带有最新制冰技术的深层冷冻柜里。然而在美国的许多地区，虽然冰箱能为食物降温，但人们自己却仍置身于酷热之中。

1902 年，一位名叫威利斯·开利的年轻工程师设计出第一台"空气处理装置"——我们现在所说的空调。他的发明是"意外发现"史上的一个经典故事。还是一名年轻工程师的时候，开利被布鲁克林的一家印刷公司雇用，公司让他解决一个问题：在夏季潮湿的月份，油墨在印刷过程中造成污渍。开利的发明不仅去除了打印室中的潮气，

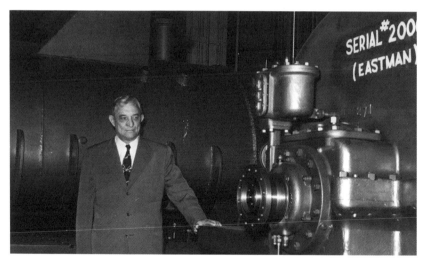

图2-11　威利斯·H. 开利，摄于约1950年。开利对一台印刷机做的改进衍生了第一个空调系统

还降低了室内的温度。开利发现，突然之间，大家全都喜欢跑到打印机附近吃午饭了！

于是，这位雄心勃勃的工程师便着手设计调节室内湿度和温度的装置。没过几年，开利便成立了一家公司，致力于开发他的技术的工业用途。与此同时，开利坚信空调技术也应该造福于民众。该到哪里去找这些人呢？当然是电影院——尤其是夏季的电影院。无论电影院的广告牌上显示的是哪些光彩照人的好莱坞明星的名字，都没有人会愿意花钱和几百个汗涔涔的观众一起坐在一个又黑又闷热的房间里。电影公司自然想要改变这个状况。开利想让人们看到，他的技术能够做到这一点。

1925 年的阵亡将士纪念日所在的那个周末，开利在派拉蒙影业公司于曼哈顿新开的里沃利电影院旗舰店首次试装了他的空调制冷系统。他游说派拉蒙的传奇创始人阿道夫·朱克，说在他的影院里投资中央空调是一桩赚钱的买卖。朱克本人低调地窝在楼座的一个座位上，影片开始之前，全场观众都在奋力摇着手中的折扇驱热。刚开始的时候，开利和他的团队遇到了一些技术问题，但最终他们还是让机器运转了起来。室内温度开始下降，人们纷纷停下了手中的折扇。朱克看到了未来："没错，人们肯定会喜欢空调的。"

在接下来的大约 25 年里，绝大多数美国人只能在影院、百货商场、酒店或办公楼等大型商业场所中体验空调。威利斯·开利明白，空调必定会进入千家万户，但当时的机器对普通家庭而言实在是个头太大、价格太高了。

开利对美国家庭在自家纳凉的愿景的实现由于第二次世界大战的爆发而推迟，到 20 世纪 40 年代末，市场上出现了第一批室内便携式空调机。不到 5 年，美国人每年安装的空调就超过了 100 万台。一台原本比一辆平板卡车还要庞大的机器，现在竟轻松嵌入了美国万千家庭的起居室和卧室。

开利的发明不仅让空气和水分子流动起来，也最终导致了人口的流动。到 20 世纪 60 年代，横跨东南到西南海拔较低区域的"阳光地带"的人口激增。由于家用空调的普及，来自较冷州的移民打包家当，成群结队地在热带湿气或沙漠艳阳曾经让新建筑或地产商站不住脚的地区安家。在短短 10 年里，亚利桑那州图森的居民数量飙升了 400 个百分点，从 4.5 万增加到 21 万；与此同时，得克萨斯州休斯敦的人口从 60 万蹿升至 94 万。开利的空调在里沃利影院首秀之后短短 50 年，佛罗里达州的人口就从不到 100 万上涨至 2 000 多万，这一现象在很大程度上都要归因于空调房的出现。

这场大规模的移民潮，改变了美国的政治版图。佛罗里达州、得克萨斯州和南加利福尼亚州的人口激增，导致了总统选举团（由《美国宪法》制定的选举总统的制度）的迁移。1940—1980 年，气候温

图2-12　20世纪30年代，8 000万名美国人每周都会去影院观影，占美国总人口的65%。开利的发明让人们在炎炎夏日来到电影院，欣赏电影的同时在"空调制冷"下享受清凉。图中电影院左侧墙上挂的霓虹灯文字意为：空调制冷

暖的各州赢得的选举团选票增加了 29 张，而东北部各州和"铁锈地带"（传统工业曾经繁荣而后来走向衰落的地区，从五大湖区延伸到中西部靠北各州）的选票则减少了 31 张。在 20 世纪上半叶，出自"阳光地带"各州的总统或副总统只有两人。而自 1952 年起，每一张获胜的总统选票中都包含一位来自"阳光地带"的候选人的面孔，这个局面一直到 2008 年才被巴拉克·奥巴马和乔·拜登打破。对于共和党和民主党的候选人亲近"阳光地带"各州选民的重要性，两党政客和政治战略家一直保持着高度的关注。

美国的历史现已在全球重演。世界上发展最快的超级大都市大多聚集在热带气候地区，如金奈、曼谷、马尼拉、雅加达、卡拉奇、拉各斯、迪拜和里约热内卢。预计到 2025 年，在这些城市生活的新居民数量将会超过 10 亿。不消说，这些城市中有许多人的家中还没有安装空调，至少现在情况如此。另外，从长远来看，这些城市能否在环境上做到可持续发展，现在还是个无解的问题，对那些处在沙漠气候中的城市而言则更是如此。尽管如此，对气温和湿度的控制能力仍让这些中心城市跃升为超级都市。（20 世纪下半叶之前，世界上最大的都市，如伦敦、巴黎、纽约、东京等，几乎无一例外地处于气候温和的地带，这并不是巧合。）我们现在所看到的便是由一款家用电器带来的第一次人口大迁徙，也是因制"冷"的可能性而"热"血沸腾的伟大思想家所创造的一段"远观细看"下的历史。

图2-13 阿拉伯联合酋长国迪拜市的温度有时会超过100华氏度（约38摄氏度），但这座室内滑雪场却因绝缘玻璃和人工制冷而保持在寒冷的28华氏度（约零下2摄氏度）

第3章

声音

戴上耳机，你就可以听到任何内容了，不是吗？音乐、播客、有声书——我们置身于一个现代的声音世界。但是，你有没有想过聆听过去的声音——那些邈远的、萦绕在洞穴中的原始之声呢？

20 世纪 90 年代初，人们在法国屈尔河畔阿尔西的一个洞穴群里发现了一批令人惊叹的古代壁画。洞穴的墙壁上满满画着 100 多幅野牛、长毛猛犸象、鸟、鱼的图画，还有一个让人过目难忘的孩子的手掌印。考古学家的发现表明，数万年来，尼安德特人和早期现代人都曾利用这些洞穴作为栖身和举行仪式的场所。人们通过用来测量地理或有机物质的放射性年代的测定法确定，这些图画已经有 30 000 年的历史了。

洞穴壁画通常会被视为人类对用图像表现世界的深层需求的证据，但是近年来却出现了一个关于洞穴原始用途的新理论，这个理论没有关注这些地下通道中的图画，而是将注意力放在了声音上。

"摇滚"洞穴

屈尔河畔阿尔西洞穴壁画被发现几年之后，巴黎大学的音乐教授埃伊戈·列兹尼科夫（Iegor Reznikoff）开始研究洞穴群不同部分产生的回声和混响。尼安德特人的艺术品会集中出现在某些特定的地方，其中最华美而内容丰富的图画，集中出现在超过 2/3 英里（1 千米）的深处。列兹尼科夫测定，这些图画一致被绘于洞穴中回声最浑厚、音效最奇特的地方：如果站在屈尔河畔阿尔西洞穴深处的旧石器时代动物画像下大喊一声，你便会听到自己声音的 7 种不同的回声，而这些回声要在你的声带停止振动后将近 5 秒才会消失。

列兹尼科夫的理论是，尼安德特人会在举行仪式时聚集在他们所画的壁画旁。他们或吟诵或歌唱，利用洞穴的回声效果让自己的声音神奇放大。如果这位教授的说法是正确的，那么这些早期人类所做的便是利用声音工程的原始形式做实验，以放大世上最令人着迷的声音——人声。

从增强人声到最终复制人声的动力，铺就了通往通信、计算、政治及艺术上的突破的道路。

直到 19 世纪末期，声音方面的科技才充分发挥威力。一旦发挥威力，这些科技便几乎颠覆了一切。但是，这种科技的开端并非对声音的放大。在我们对人声的痴迷上，第一个伟大的突破来自用笔记录这一简单的举动。

速记声波

对人声的记录，在两项关键的技术发展成熟之后才得以实现，其中一项来自物理学，另一项来自解剖学。大约从 1500 年开始，科学家们便在声音以看不见的波状进行传播的假设下进行研究。到 18 世纪，详尽的解剖学书籍已经绘制出人耳的基本结构，并记录了声波穿过耳道引发耳膜振动的形式。19 世纪 50 年代，一位名叫爱德华-里昂·斯科特·德马丁维尔（Édouard-Léon Scott de Martinville）的巴黎印刷工无意间得到了一本这样的解剖学书，这位业余爱好者对声音的生物学和物理学知识的兴趣就这样被点燃了。

斯科特也研究速记法，这种方法使用首字母缩写和符号代替单词和短语，让你能够很快记录下别人所说的话。当时，速记法是现有录音科技中最先进的形式，除此之外，没有任何体系能够如此精准快速地捕捉到人们所说的话。在观看内耳的详细图示时，一个慢直觉在斯科特的脑中逐渐成形。如果将对人声的记录过程自动化，那会是什么效果呢？不用人类手动记录文字，而是用机器记录声波，这可行吗？

斯科特发明了一种机器，让声波得以通过一个末端覆着羊皮纸薄膜的喇叭形装置。声波引发羊皮纸振动，继而传输至一支猪鬃毛制成的触针上。触针将声波蚀刻在一张被灯黑染黑的纸上。所谓灯黑，就是从油灯中收集的黑炭颗粒。斯科特将自己的发明称作"声波记振仪"，也就是自动记录声音的仪器。

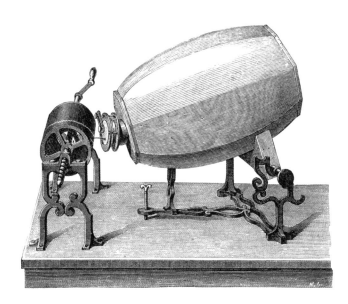

图3-1 爱德华-里昂·斯科特·德马丁维尔在1857年3月为他的声波记振仪申请了专利，这比托马斯·爱迪生发明留声机早了20年

声波可以被从空气中抽取出来并蚀刻在记录媒介上，在其他发明家和科学家开始认识到这个问题的十多年前，斯科特就实现了这个理念上的重要飞跃。他发明了历史上第一台记录声音的设备，但是他的声波记振仪存在一个巨大的缺陷：没有回放功能。

对现在的我们而言，记录声音的设备应附带一个让人能够听到录音的功能，这仿佛是理所应当的事情。但在 19 世纪 50 年代，这并不是一个出于直觉的想法。斯科特并不是因为忘记或失误而没能落实回放功能，而是压根儿没有产生过这个念头。他是通过速记法的类比来审视录音的，只不过记录的对象从文字变成了声波而已。对速记法而言，记录下来的信息能够被懂得这些代码的人破译。斯科特认为，他的声波记振仪的情况也是如此。机器记录人类讲话的波形图，而人们则通过学习解读速记信息来学会"阅读"这些弯曲的线条。

从某种意义来说，斯科特根本就不是在尝试发明一种记录声音的装置，他想发明的不如说是一种最先进的誊抄服务——仅仅为了读懂这种抄本，我们便不得不学会一门全新的语言。不幸的是，我们的神经系统工具箱中似乎并不包括通过视觉来阅读声波的能力。要想解码记录下的声音，我们就必须将其重新转化成声音，以便通过耳膜而不是视网膜对其进行破译。

你能听到我吗？

1872 年，另一位发明者对斯科特的原创设计做了改进，安装了一只从尸体上取下的人耳，以便更好地理解声学原理。在改进过程中，他偶然发现了一个既能捕捉声音又能传播声音的方法，让人声通过既存的电报线传播出去。这位发明家就是亚历山大·格雷厄姆·贝尔，他因发明电话而扬名于世。

在电话出现之前，人们通常会通过邮政服务进行远距离交流。贝尔的发明颠覆了这种状况。电话所产生的影响波及广大范围，也拉近了地球上人们的距离。但是，直到不久之前，将大家联系在一起的电话线仍是寥寥无几的。第一条让北美洲和欧洲的普通民众互通电话的横跨大西洋的电话线，直到60多年前的1956年才架设成功，且这条电话线最多只能承载24部同时拨打的电话。这就是两大洲数亿人口共享的全部宽带：一次只允许有24通跨越大西洋的电话。

隐形变有声

从远观细看的视角来看，电话留下的最重要的意义或许在于由此衍生的一家开创性的机构，也就是亚历山大·格雷厄姆·贝尔在19世纪80年代创立的研究开发组织——贝尔实验室。在20世纪几乎每一

图3-2　1892年10月18日，亚历山大·格雷厄姆·贝尔（中间）开通了纽约到芝加哥的长途电话线路。他原本以为电话是用来传递现场音乐的：一支管弦乐队会在电话线的一端进行演奏，而听众们则通过电话线另一端的听筒享受音乐。与此类似，当爱迪生发明留声机的时候，他本以为留声机会被作为一种通信工具来使用：人们可以用留声机的蜡筒记录有声信件，然后发送出去。这两位传奇发明家正好把二者颠倒了

项重要的科技研发中，贝尔实验室都扮演了至关重要的角色。收音机、真空管、晶体管、电视机、太阳能电池、同轴电缆、激光束、微处理器、计算机、手机、光纤——所有这些现代生活中不可或缺的工具，都来源于最初诞生于贝尔实验室的创意。"创意工厂"的名号，真可谓实至名归。

通过电话，我们跨过了科技史上一道关键的门槛：在这个例子中，声音作为物理世界中的一个因素，以电能的形式直接呈现。人对着听筒说话，产生的声波变成电流脉冲，并在另一端再次变回声波。声波一旦变成电流，便能以风驰电掣的速度跨越万水千山。但是，电流并非万无一失。电流脉冲通过铜线从一个城市传输到另一个城市，很容易受到衰减、信号损失及噪声的影响。我们将会在接下来的内容中看到，扩音器能够在信号沿线路传输时增强其强度，因此可以用来解决这些问题。然而，纯粹的信号，也就是让声音在通过电话网络传输的过程中不出现衰变的某种完美再现，才是最终的目标。有趣的是，最终实现这一目标的道路刚开始通往的却是另一个目的地：不必保持人声的纯粹性，而是要保持人声的隐秘性。

你是谁？……你找谁？

第二次世界大战期间，英国传奇数学家艾伦·图灵和贝尔实验室的 A. B. 克拉克（A. B. Clark）合作研发了一条秘密通信线路。这个代号为 SIGSALY[①] 的通信系统以每秒 20 000 次的频率记录声波，但并不将声波转化为电流信号或蜡筒中的音槽，而是将信息转化为数字，以 0 和 1 组成的二进制语言进行数字编码。二进制语言，便是所有现代计算机使用的语言。

早在一个多世纪前，英国维多利亚时期的发明家查尔斯·巴贝奇与其合作者阿达·洛芙莱斯就首次领略了数码编程的威力。19 世纪 30 年代，巴贝奇制造了一台叫作"分析机"的机器，这台机器被许多人视为第一台可编程的计算机。而在年轻女性被强烈反对在数学、科学等男性主导的领域进行研究的时代，洛芙莱斯这位伟大的数学家则为这台机器编写了第一条代码。（时至今日，科技领域的许多人还会在每年 12 月 10 日庆祝阿达·洛芙莱斯的生日，提醒大家第一名计算机程序员是一名女性。）

---

① SIGSALY，也被称为 X 系统、X 项目、密码电话 I 或者"绿色大黄蜂"，它是为二战期间盟军最高层设计的一个经过数字加密的无线电话系统，此名称并非首字母缩略词，也无含义。——译者注

图3-3 英国艺术家玛格丽特·萨拉·卡朋特于1836年画的阿达·洛芙莱斯的画像

除此之外，洛芙莱斯在数字领域还做出了一个与 SIGSALY 及其后续发展有着直接联系的重大贡献。在为她的早期程序记录所做的笔记中，她提出了一个激进的想法：计算机可能适合用来做创意工作，而不只是进行枯燥的运算。她想象出一个未来，在那里，"分析机能够制作出精密复杂且细致严谨的有着各种难度和长度的乐曲"。一台

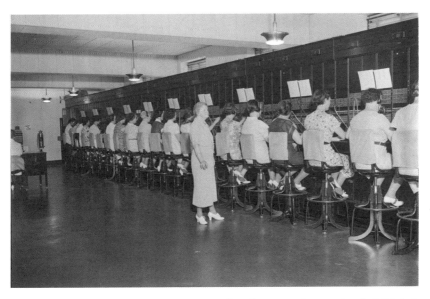

图3-4　电话交换台为女性提供了一条通往"专业"领域的入门之道。1898年，美国国会大厦安装了一台交换台，由一位名叫哈里奥特·戴利（Harriott Daley）的女性操作（照片中站着的人就是她，这张照片摄于1937年，当时她仍然在岗）。到20世纪40年代，国会大厦中已经有50名叫作"你好姑娘"的女性接线员

像是巨大计算机的机器竟然能够被用来创作音乐，这样的想法在和洛芙莱斯同时代的人看来无异于无稽之谈。但历史证明，她是正确的。

洛芙莱斯的远见卓识能够成为现实，其关键的一步就是利用数码来思考声音。应用到SIGSALY中，这就意味着将军事通信中的声音转化为可用来描述声波的一系列的0和1，以便在接听端重新转回可辨识的话语。刚开始的时候，这样做的目的完全是保持这些信息的隐秘性。数字样本的传输很容易做到安全保密，任何搜索传统模拟信号的人能听到的只有一阵阵的数字杂音。(SIGSALY又名"绿色大黄蜂"，因为其杂音听起来就像一档人气广播节目的主题曲中昆虫的嗡嗡声。)德国人虽然截获并记录了数小时的SIGSALY传输信号，但却根本无从解读。

1943年7月15日，SIGSALY投入使用，而这套系统释放的真正具有颠覆性的威力，却来自其另一个强大功能：完美复制数字的能力。只要使用了合适的仪器，声音的数字样本便能以完美的保真度进行传输和复制，也可以被拿来制作新种类的音乐。这场声音的数字革命，印证了洛芙莱斯的伟大预言。当人们开始制作歌曲、电影、电视节目的数字拷贝，以及使用计算机和合成器录制和创作新形式的电子音乐时，娱乐产业便揭开了新的篇章。文件共享服务，iTunes（苹果音乐播放器）的市场冲击，流媒体的崛起，现今流行音乐排行榜前40位的绝大多数歌曲中的电子脉冲的声音……现代媒体中的许多变化，都能追溯到"绿色大黄蜂"的数字蜂鸣及阿达·洛芙莱斯的创见。

电报+电话=收音机？

SIGSALY 的数字样本的传播，得益于贝尔实验室协助创造的另一项通信技术突破：无线电传输。有趣的是，无线电虽然最终成为一种满载人类说话声或歌唱声的媒介，但在刚开始时却另有他用。19世纪最后的几十年间，意大利电子工程师吉列尔莫·马可尼及其他几个发明家几乎在同一时期发明了第一次运转正常的无线电传输，其功能几乎完全是发送莫尔斯电码。（马可尼称他的发明为"无线电报"。）信息开始在无线电波中传播后不久，改良者及各家实验室便开始探索该如何将语言和乐曲制成"混音"的一部分。

其中一位改良者便是李·德弗雷斯特，一位才华横溢又古怪的发明家。德弗雷斯特在他位于芝加哥的家庭实验室工作，一心梦想着将马可尼的无线电报与贝尔的电话合二为一。他使用一台火花隙式发射机做了一系列实验，这种设备能够产生明亮而单调的电磁能量脉冲，可被几英里外的天线探测到，非常适合用来发送莫尔斯电码。一天晚

图3-5　20世纪20年代末的李·德弗雷斯特

上，德弗雷斯特在触发一系列脉冲时发现房间的另一头出现了奇怪的动静：每制造出一个火花，煤气灯中的火焰就会变白、变大。德弗雷斯特心想，一定是电磁脉冲通过某种方式增强了火焰。闪烁的煤气灯光在他的大脑中种下了一颗种子：能不能用某种气体来放大微弱的无线电接收信号呢？能不能让信号强到足以传输话语的程度，而不仅仅被用来传播莫尔斯电码断断续续的脉冲？

几年的试错之后，德弗雷斯特终于选定了一款内充气体的灯泡，灯泡中包含三个精确配置的电极，用来增强收到的无线电信号。他将这个设备称为"三极管"。作为一种用来传输话语的设备，三极管的功效只够用来传输可辨识的信号。1910 年，德弗雷斯特使用一台配备了三极管的无线电设备，完成了有史以来首次船岸之间的人声广播。然而，德弗雷斯特对他的设备还有着更为远大的计划。在他设想的世界里，他的无线电技术不仅可以被用于军事和商业领域的通信，也能被用来供大众娱乐——尤其是将歌剧（他的最大爱好）带给千家万户。

1910 年 1 月 13 日，在纽约大都会歌剧院上演《托斯卡》时，德弗雷斯特将演出大厅的一个电话麦克风连接到屋顶的发射器上，创造了第一场公共无线电广播直播。他邀请了大批记者和贵宾，通过他散置在全城各处的无线电接收器收听广播。信号强度非常微弱，《纽约时报》宣称整个尝试就是"一场灾难"，而德弗雷斯特更是被美国律师起诉涉嫌诈骗，说他故意抬高了三极管在无线电技术上的价值。德弗雷斯特需要钱来赔付官司费用，只得把三极管专利以低价卖给了贝尔的美国电话电报公司（AT&T）。

爵士争鸣

贝尔实验室的研究者们在开始研究三极管之后得到了不寻常的发现：李·德弗雷斯特的慢直觉大错特错。煤气火焰的增大与电磁辐射之间毫无关联，而是由德弗雷斯特实验产生的火花发出的嘈杂声的声波导致的。原来，气体根本就无法检测或放大无线电信号。

在接下来的 10 年中，贝尔实验室及其他地方的工程师对德弗雷斯特的基本三电极设计进行了改进。他们将气体从灯泡中抽出来，使灯泡内部呈现完全真空的状态，并将灯泡改造为发射器与接收器的结合体。真空管由此诞生，这也是电子革命的首次伟大突破。真空管能够对几乎任何技术的电子信号进行增强。电视、雷达、录音、电吉他音箱、X 光、微波炉、早期数字计算机，这一切都依赖于真空管。但是，最先将真空管带入寻常百姓家的主流技术却是收音机。

收音机在问世时是一种双向媒介（业余无线电就是这种应用持续

至今的形态）：个人爱好者通过空中电波彼此交流，偶尔偷听一下别人的对话。到 20 世纪 20 年代初，这种广播模式已经出现了升级，专业电台开始向居家通过无线电接收机收听节目的听众发送打包的新闻和娱乐节目。

让人始料不及的事情发生了。

声音大众传媒的存在，让一种全新的音乐在美国粉墨登场。在此之前，这种音乐几乎是新奥尔良、美国南部沿河小镇、纽约和芝加哥街区的非裔美国人专属的。几乎一夜之间，收音机使爵士乐风靡全美，也打造了一众新晋的非裔明星，比如艾灵顿公爵、路易斯·阿姆斯特朗及艾拉·费兹杰拉。这是一个意义深远的突破：有史以来，美国白人首次将非裔美国人的文化迎进了起居室，虽然只是通过收音机上的扬声器而已。

爵士乐的普及改变的不仅仅是我们的音乐品位。民权运动的诞生，就与爵士乐在全美的风靡息息相关。对许多美国人而言，民权运动是由非裔美国人主创的第一个美国黑人和白人之间的共同文化平台，这个平台本身就是对种族隔离政策的一记重拳。在 1964 年的柏林爵士音乐节上，马丁·路德·金就在发言中阐明了其中的联系："我们在美国的自由运动的绝大部分力量都源于这种音乐。"

图3-6 20世纪40年代，如照片中的艾拉·费兹杰拉等一众歌手开始在舞台上和直播收音机节目中献声，将爵士音乐传播出去

后面的听众，能听见我说的吗？

　　和许多20世纪的政界人物一样，马丁·路德·金之所以要感谢三极管，还有另一个原因。德弗雷斯特和贝尔实验室开始使用真空管制作无线电广播不久，这项技术便被用在更多的现场，通过驱动与麦克风相连的扩音器来放大人声。这让人们有史以来第一次能够在一大群人面前演说或歌唱。人们不再依靠洞穴、大教堂或歌剧院的回声来放大自己的声音，现在，电接替了回声的工作，其效果更是增强了千百倍。

　　声音的放大引发了一系列前所未有的政治事件：围绕单个演讲者展开的大众聚会。在电子管扩音器出现之前，人类声带的限制使我们很难同时面对超过1 000个人进行演说。但是，若将一个麦克风连接到多台扬声器上，听力能及的范围便能提高若干数量级。

　　电子管扩音器也使得与政治集会形式类似的音乐活动成为可能，比如伍德斯托克音乐节、"拯救生命"摇滚音乐演唱会及甲壳虫乐队在谢亚球场举行的演唱会。然而，真空管技术的特点对20世纪的音乐还有一个更为微妙的影响，那就是使得这些音乐变得既响亮又嘈杂。从20世纪50年代开始，使用电子管扩音器演奏的吉他手发现他们可以制造出一种新奇的声音。通过让扩音器过载，他们能够制造出一种嘎吱作响的噪音，覆盖在拨动吉他弦所产生的音符之上。从技术角度

图3-7　马丁·路德·金博士在1963年8月28日的一次活动中发表演讲。麦克风的出现，使得超过25万人通过华盛顿工作与自由游行聆听了金博士名垂青史的演讲——"我有一个梦想"

来讲，这其实是扩音器在发生故障时发出的声音，是本应再现的声音的失真版本。早期的一小批摇滚唱片就在吉他部分用到了一些失真效果，但被我们现在称为"模糊音"的失真音一直到20世纪60年代才名声大噪。当时，商业化的失真效果器在市场中出现，而滚石乐队的基思·理查兹等音乐家也开始弹奏类似于歌曲《无法满足》的开头这样的被现世公认为传奇的模糊音段。

一种类似的模式随即诞生，扩音器音箱与麦克风放置在同一空间里发出的嗡鸣、刺耳尖声等音效，也经历了同样的命运。20世纪60年代末期，吉米·亨德里克斯等乐手利用吉他弦的振动、吉他本身类似麦克风的拾音器及扬声器这三者之间复杂而不可预测的交互作用，创造了一种新的声音。

聆听深海

有的时候，创新发明会从对新技术的新奇利用中诞生。从一开始，声音技术的使命就在于扩大人声的音域和强度，以及人耳可接收的音域和强度。而最令人出乎意料的转折就出现在一个世纪前，当时人类首次意识到声音竟然另有他用：帮助我们看到东西。

从古时开始，人们便建造灯塔向水手发出信号，通知他们注意危险的海岸线。但是，灯塔在人们最需要的时候却偏偏表现最差，特别是在暴风雨天气里，灯塔发送的光会因雾和雨而模糊不清。许多灯塔设置了警铃作为辅助信号，但铃声有时也会被淹没于咆哮的海浪声中。但是，声波拥有一种奇特的物理属性，它们在水下的传播速度比在空气中快4倍，且声波在水下几乎不会受到任何水面上杂音的干扰。

1901年，一家名叫"水下信号"（SSC）的总部设于波士顿的公司开始生产一套通信工具系统，它利用的就是水下声波的这一特性。在这套系统中，水下警铃会定时发出警报，铃声由叫作"水听器"的专为水下接收信号设计的麦克风接收。水下信号公司在全球尤为危险的港口和海峡设立了100多个站点，这套系统虽然巧妙，但也有局限性。首先，这套系统只有在水下信号公司安装了警铃的地方才管用，而对于其他船只或冰山等不太容易预测的危险，它更是完全无法探测。

1912年4月15日，豪华游轮"泰坦尼克号"在北大西洋撞击冰山沉没，冰山对航海造成的威胁也被媒体头条报道。就在这场惨剧发生前几天，加拿大发明家雷金纳德·费森登到访水下信号公司了解最新的水下信号技术。费森登是无线电技术方面的先驱，首次人声无线电传输及首次莫尔斯电码跨大西洋双向无线电传输任务都由他负责。出于他的专业背景，水下信号公司邀请他帮助公司设计一款更完善的水听器系统，将水下环境中的背景噪声过滤掉。费森登到访水下信号公司后短短 4 天，"泰坦尼克号"失事的消息便传了出来，他与全世界的人一样深感震惊。但与其他人不同的是，费森登有一个可以在未来预防类似悲剧的点子。

水手们！注意冰山、间谍潜艇、大鱼！

费森登发明了一种机器，它不仅自身能够发出声音，还能接收到声音在水下碰到物体时反弹而来的回声，就像海豚在海中遨游之时用回声定位系统进行导航一样。他的费森登振荡器可在船上探测到 2 英里以内的障碍物。他调整了振荡器的频率，将水下环境中所有的背景噪声过滤掉。这台机器不仅能被用来发送和接收电报，也是世界上第一台可用的声呐设备。

费森登的第一台实用模型制成后不到一年，第一次世界大战爆发。游弋在北大西洋中的德国 U 型潜艇对航海造成的威胁，比冰山对"泰坦尼克号"的威胁更加严峻。但是，当时距离美国参战尚隔两年。面对研发两项科技（水下电报和声呐技术）所带来的资金风险，水下信号公司的主管们决定将振荡器作为一种专门的监听装置进行制造和销售。

图3-8　雷金纳德·费森登在船上向下安放振荡器，摄于约1915年

　　费森登试图说服英国皇家海军投资他的振荡器，但他的恳求最终还是没有引起对方的注意。1918年第一次世界大战结束时，超过一万人丧生于德国潜艇的袭击。就像费森登所言，从攻击艇的艇身反弹回来的简简单单的声波，本可以成为最有价值的防御武器。然而直到第二次世界大战，声呐设备才成为海战中的一款标准配置。

20 世纪下半叶，回声定位原理的应用超越了对冰山和潜艇的探测。渔船中安装了费森登振荡器的各种改造版本来探测和追踪猎物；科学家利用声呐技术来探索海洋中最后的奥秘，让隐藏的海底地貌、自然资源及断层线露出真容。

图3-9 "泰坦尼克号"残骸。1985年，一支美国和法国研究者组成的团队使用声呐定位技术探测到了位于大西洋海面下12 000英尺的船身。这种技术最初就是费森登在"泰坦尼克号"沉船之时构想出来的

费森登的发明对医学也产生了革命性的影响。超声波设备使用高频声波从内部观察人类的身体，所用的技术与声呐技术相似。这些图像为医疗诊断和治疗提供了宝贵的信息。超声波技术为产前保健领域带来了一场革新，也让今天的众多婴儿和母亲免遭不到一个世纪以前还足以致命的并发症的威胁。

新的政治运动、保护出海船只的新方法、新的媒体平台及保证孩子健康的新途径，我们在从再现人声到再现声波上所付出的努力，竟会成为如此多领域中诸多进步的契机，真让人难以置信。对声音的记录，已然成为我们本身的一部分。

人类于 1977 年发射"旅行者号"星际探测器，美国国家航空航天局在飞船里放置的一批代表人类文明全貌的物品之中，有一件重要的物品便是一张镀金的唱片。这是人类向未知文明送去的礼物。2013年，"旅行者 1 号"离开太阳系，成为第一个进入星际空间的人造物件。等"旅行者 1 号"到达另一个星系，大约还需要 4 万年。当那一天到来之时，"旅行者 1 号"会把人类问好的声音带到另一片天地之中。

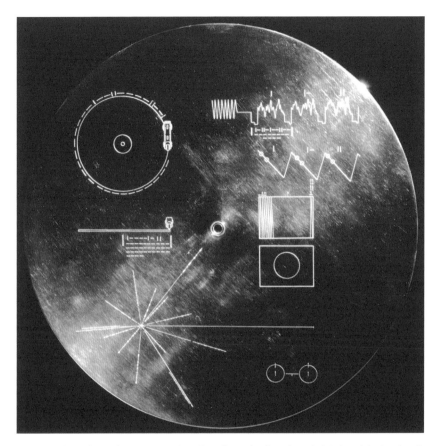

图3-10　美国国家航航空航天局于1977年发射的"旅行者号"飞船上携带的金唱片中的内容，是
由天文学家卡尔·萨根甄选出来的。这张直径12英寸[①]的镀金铜质唱片中包含了雷声和鲸鱼的
歌声等自然声，从古典乐到20世纪50年代的摇滚乐等音乐及55种语言的问候，还包含了播放唱
片的说明和工具

---

①　1英寸为2.54厘米。——编者注

第4章 清洁

早晨洗脸刷牙、冲马桶的时候，我们或许完全不会想到冲掉的东西到底去了哪里。但是，回溯到仅仅一个半世纪之前，那时的卫生系统与今天不可同日而语。对着水龙头喝水，无异于拿生命下赌注。如果你居住在美国市区，家门外的街道上便会堆积着几乎齐膝高的垃圾；猪四处乱跑，大口吞食泔水。19世纪中期美国市区的生活可谓污秽不堪，而其中最肮脏的地方非芝加哥莫属。

作为从大平原向沿海城市输送小麦和肉类的交通枢纽，芝加哥在19世纪经历了巨大的发展，然而其地势却一直平坦不变。几乎所有城市的地势都朝向其围绕着发展起来的河流或港口逐渐下降，但由于几千年前冰原移动留下的影响，芝加哥却平坦得像一块熨衣板。平坦的地势不利于排水，而19世纪中期城市排污系统主要依靠重力排水，因此这样的地势是个问题。

同时，芝加哥的表层土壤也不利于排水。由于无处排水，夏季的暴雨只需几分钟就能把城市变成一片泥泞的沼泽。虽然芝加哥人会在泥沼上搭起木板作为道路，但木板一坏，湿乎乎的烂泥便会透过缝隙渗出来。

致命污秽物

这座美国中西部城市的高速发展带来了住房和交通方面的挑战，但其中最棘手的问题与粪便有着千丝万缕的联系：随着近 10 万名新居民的迁入，他们也产生了大量排泄物。不消说，芝加哥街上的马匹和在牲畜栏里待宰的猪、牛，也意味着这座城市面临着处理动物排泄物的问题。这些污秽物不仅污染口鼻，还会夺人性命。19 世纪 50 年代，流行性疾病频繁暴发，在美国和全球其他人口密集的城市也是如此。

当时，人们并不完全理解垃圾和疾病之间的联系。许多城市管理者都接受了"瘴气"理论。他们认为，可能致命的肠道疾病霍乱或导致危及生命的严重腹泻的痢疾等流行病，都是由瘴气或气味刺鼻的毒气传播的。护士中的先驱及护理工作的倡议者弗洛伦斯·南丁格尔宣布，"护理的第一原则"，就是"让屋里的空气与屋外的空气一样洁净"。疾病的真正传播途径，其实是排泄物携带的肉眼看不到的细菌对水源的污染，过了 10 年，人们才广泛认识和接受了这一观点。

尽管如此，芝加哥市的领导者还是认为清理城市对于对抗疾病是有所帮助的。1855 年，芝加哥污水处理委员会成立，致力于解决废弃物问题。委员会明智地雇用了工程师埃利斯·切斯布罗格（Ellis

Chesbrough），事实证明，他在铁路和运河工程方面的经验，对解决芝加哥平坦而不渗水的地形问题起了关键性的作用。

抬高点儿！

在处理排水问题上，切斯布罗格想出了一个惊人的办法。在地下深挖隧道建造下水管道的人工打造坡度的方法成本太高，因此，受之前铁路工作经验启发的切斯布罗格下定决心：如果没法儿靠向下挖来打造合适的排水坡度，那么为何不把城市往上抬呢？

切斯布罗格看过螺旋起重机将火车车厢抬上或抬下轨道的情景，受到这种简单机器的启发，他制订了修建全美首个综合型城

图4-1　埃利斯·切斯布罗格，摄于约1870年。切斯布罗格到访了许多欧洲城市以研究污水系统，包括伦敦、巴黎、汉堡及阿姆斯特丹

市下水道系统的规划。在日后靠建造客运火车发了大财的乔治·普尔曼（George Pullman）的帮助下，切斯布罗格发起了19世纪最为宏大的一个工程项目：派遣大批工人使用螺旋起重机将芝加哥的一座座建筑物抬起。在起重机将城市建筑物一寸寸向上抬的过程中，工人们会在建筑物的地基下挖洞并安装厚厚的木材作为支撑。接下来，泥瓦匠们便会快速在建筑物下搭建出新的地基。人们在建筑物的底部安装下水管道，并将其与街道中央底部的主管道接通，这些街道当时已被从

A NEW AMERICAN INVENTION: RAISING AN HOTEL AT CHICAGO.

图4-2　抬起布里格斯酒店，约1857年。令人意想不到的是，在切斯布罗格的团队抬起芝加哥的时候，人们的生活仍然一如既往地进行着。图片下方文字意为"美国新发明：将芝加哥的一家酒店抬起"

芝加哥河中捞出的垃圾覆盖得严严实实。

1860 年,工程师们已经抬升了半个城市街区。他们使用 6 000 多台螺旋起重机,将占地面积近 1 英亩 ①、重量大约为 35 000 吨的 5 层建筑物抬了起来。切斯布罗格和团队在将近 20 年后将整个规划变成了现实,那时,整个芝加哥市平均被抬高了将近 10 英尺。由此带来的结果,便是全美各个城市中第一个综合性下水道系统的诞生。

潜入地下

不到 30 年,全美有 20 多个城市都模仿芝加哥建设了自己的下水道网络。通过历史的"远观细看"镜头,我们可以看到,从基础来说,现代大都市就是由这些巨大的工程项目定义的。城市系统由用途超越垃圾处理的地下服务网络支撑,这个理念便是这些工程项目打造出来的。1863 年,第一辆蒸汽机车在伦敦的地下隧道"突突"驶过。1900 年,巴黎开通地铁,纽约紧跟其后。最终,我们不仅有了穿过隧道的高速公路、人行通道及高速火车,许多城市的街道之下也铺设

_____

① 　1 英亩约为 4 046.86 平方米。——编者注

了盘绕的电线和光纤线缆。如今，一个完整的平行世界就存在于地下，为地上的城市提供着动力和支持。

不要直接喝水龙头里流出的水

在一定程度上，下水道系统带来的最关键而最容易被人忽略的奇迹，便是让畅饮一杯从水龙头里接到的洁净饮用水成为可能。就在150年前，在世界各地的城市里，喝水是一件非常危险的事情，因为人们无法知晓水受到的污染有多严重。虽然有了切斯布罗格巧妙绝伦的规划，但芝加哥人仍然难保性命。他们新设的下水道系统，存在着一个显而易见的致命缺陷。

切斯布罗格的地下工程成功带走了城市街道、厕所及地下室里的垃圾，但是他设计的所有下水管道几乎都将废物排向了芝加哥河，而芝加哥河又直接汇入密歇根湖，即整个城市的主要饮用水来源。19世纪70年代初，芝加哥的供水系统污秽不堪，打开水龙头后，水池或浴缸常常会被死鱼堆满。这些鱼是被河湖里人类产生的污物毒死，再被吸入城市供水管道的。当地人将这种肮脏的污水混合物称为"杂烩羹"。

芝加哥的情况在全球各地不断重现：下水道系统清除了污物，但下水管道却往往只是简单地把污物排进了饮用水供应系统，其中有的是直接排放的，有的则是在遇到暴雨时间接流入的。绝大多数人都意识不到让污物与饮用水混合是件多么致命的事，没有人能够看到脏水中潜伏的隐形杀手。要想打造洁净而健康的生活环境，我们就必须理解微生物世界发生的事。我们要先认识到包括病毒和细菌在内的微生物如何入侵我们的身体和影响我们的健康，然后寻找一个让这些微生物无法危害我们的方法。

勤洗手

1847 年，一位名叫伊格纳兹·塞麦尔维斯（Ignaz Semmelweis）的匈牙利医生曾经试着寻找行为和疾病之间的关联。塞麦尔维斯在维也纳总医院工作，医院中共有两间产房：一间产房供有钱的孕妇使用，由医生和医科学生看护，另一间产房则是给工薪阶层准备的，由助产士看护。塞麦尔维斯发现，在生产之后因产褥热而死亡的产妇中，较贫穷的产妇少许多。他研究了两间产房中的医疗操作，获得了一个骇人听闻的发现：原来，精英医生和医科学生会在在有钱孕妇的产房接生和在太平间解剖尸体这两项工作之间来回切换。他们在两项工作之间很少甚至完全不洗手。

塞麦尔维斯推定，是某种具有传染性的粒子通过人手从尸体上传给了新妈妈。他规定医院的工作人员用含氯的石灰清洁双手和医疗器械，切断感染的循环。而塞麦尔维斯的医生同事们却对此置若罔闻，因为他们不喜欢被人指出自己携带病菌（其实，他们对塞麦尔维斯的

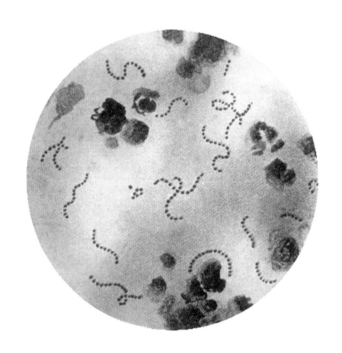

图4-3 一种导致产后发热（产褥感染）的酿脓链球菌（放大900倍）。就像当时的绝大多数人一样，伊格纳兹·塞麦尔维斯完全无从知晓这些微生物的存在

敏感易怒也是意见满满）。医院对抗菌消毒的提议大肆嘲弄批评、置之不理，这对医院里的大量病人和塞麦尔维斯而言都是一个致命的错误。塞麦尔维斯被逐出医院，最后在一家精神病院里离世。

人们对细菌和疾病之间关系的无知，导致了霍乱等疾病的肆虐，人口密集而卫生条件落后的城市中心的情况尤甚。当时医学界的领导者仍然坚信疾病是通过空气中的瘴气进行传播的，然而，1854 年伦敦的一次导致 616 人死亡的霍乱暴发，让一个人对瘴气理论重新进行了思考。

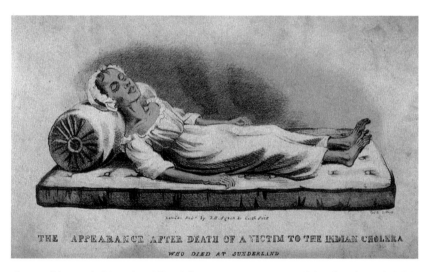

THE APPEARANCE AFTER DEATH OF A VICTIM TO THE INDIAN CHOLERA

WHO DIED AT SUNDERLAND

图4-4　这幅1832年的版画显示了霍乱的威力。19世纪共出现了5次重大的霍乱暴发，全球有数百万人因染上这种疾病而悲惨离世，直到现在，全世界每年仍有将近10万人被这种病夺去生命。
图片下方文字意为：一位因印度霍乱死于桑德兰的受害者死后的样貌

啤酒vs细菌

英国医生约翰·斯诺曾在矿区对罹患霍乱的病人进行治疗。他虽然与病人一起呼吸着污糟的空气，但却没有染上疾病。搬到伦敦后，他对气体在大气层中的分布情况有了进一步的认识。他开始质疑瘴气理论，并提出了一个新的观点：霍乱并非来自空气，而是来自水。

1854年的霍乱暴发从苏活区开始蔓延，这个街区设有屠宰场，但却没有下水道系统，人们拥挤地居住在下设肮脏化粪池的建筑物里。斯诺挨家挨户上门拜访，记录了每户人家的死亡人数，在地图上标出地点，然后对搜集到的数据进行整理。他发现了一个规律：死亡人员都聚集在布劳德街上一个附近居民常用的水泵周边。然而苏活区居民中有一批人却逃过了这次霍乱暴发：在当地啤酒厂工作的喝啤酒的工人。当时的人们并不知道，正是在酿酒的过程中，病菌被杀死了。饮用啤酒的啤酒工人没有摄入被斯诺称为"微小动物"的生物体，而这就是斯诺用来证明霍乱等疾病通过水进行传播的理论所需的证据。

斯诺没能亲眼看到直接导致霍乱的细菌，当时的显微镜技术几乎不可能让人看到如此微小的生物。但是，他对这些"微小动物"的来源的判断却是正确的：这些生物无法在空气中被嗅到，而是存在于水

图4-5 约翰·斯诺，日期不详

中。如果不幸喝到了霍乱病菌污染的水，那么超过万亿个这种致命的生物很快便会在你的肠道中滋生。

地图，显微镜，洗澡

斯诺利用地图和调研而非在实验室中做的实验来发掘疾病的规律和致病的原因，他的研究协助开创了流行病学这门新的科学。在此之后，人们在玻璃领域取得的创新使他的理论变得更加清晰。

19世纪70年代初，德国镜片制造商蔡司光学工厂开始生产新的显微镜，这是有史以来第一批根据界定光的行动的数学公式所打造出来的显微镜。新造出的镜片为德国医生罗伯特·科赫的研究提供了条件，使他成为首批识别出霍乱致病菌的科学家之一。在显微镜的帮助

图4-6　斯诺于1854年制作的伦敦霍乱分布图

下，科赫与他最大的竞争对手路易斯·巴斯德共同推动了疾病细菌理论的发展和传播。

从科技的角度来看，肉眼看不到的细菌能够致命这一19世纪公共健康领域的伟大突破，可以说是地图和显微镜之间的一种团队协作的结果。渐渐地，人们的观点开始变化，尤其是在英国和美国。改革者们在许多没有安装室内水管设施的城市贫民窟里搭建了公共浴室。一批小众类型的自助书和手册出现了，其中包括教人们如何洗澡的详细说明。人们居然需要靠阅读书籍来学会如何和为何洗澡，这或许令人匪夷所思，但在19世纪之前，欧洲人和美国人都认为将身体泡在水中是不健康的，而将毛孔堵住才能保护人们不受疾病侵袭。不仅如此，当时的人们对洗澡非常反感，即便是社会上最富有的阶层也会不遗余力地避免洗澡。伊丽莎白一世每个月勉为其难地洗一次澡，与同时代的人相比，她可是一位名副其实的"洁癖狂"了。法国国王路易十三从生下来一直到7岁之前竟然没有洗过一次澡。

个人卫生和洁净水源的可获得性之间存在着直接的关联，但是权威机构需要得到可以计量的信息，才能做出关于大型公共卫生工程的决策。而罗伯特·科赫具有开拓性的研究结果，也为这些机构提供了部分所需信息。用于微生物学研究的新镜片和新工具，让科赫不仅看到了细菌，还能对细菌进行测量。他在实验中将受到污染的水与透明凝胶混合在一起，观察玻璃盘上菌落的生长情况，还研发出精密的仪器，来测量水中细菌的密度。19 世纪 80 年代，科赫确立了一个对任何量的水都适用的测量标准：如果每毫升水中的菌落数低于 100，那么人们即可安全饮用。

在应对公共卫生领域的挑战上，测量细菌含量的能力是一个真正意义上的突破。在采用这种测量标准之前，所有排水系统的改进情况都只能用旧方法进行监测：先建造新的下水道、水库或管道，然后观察死的人会不会少一些。采一份水样并用科学方法鉴定水中是否含污染物的方法，让卫生领域的实验研究和创新设计都得以加速。随着公共设施的升级，流动的水进入千家万户的

图4-7 凯瑟琳·比彻（Catherine Beecher）和斯托夫人于1869年出版的一本影响深远的健康卫生图书的封面。斯托夫人的另一本著作《汤姆叔叔的小屋》更加广为人知。图中书名意为：美国女人居家指南

概率也大大提高，而这些水也比在那之前几十年的更加洁净。最重要的是，疾病的病原理论也从异说成为有科学依据的共识。

嘘！这是秘密！

显微镜和科学测量方法很快开拓了细菌战役的新疆域：人们不再通过将废弃物绕过饮用水的间接方法来对抗细菌，而是使用化学物质来直接对细菌发起进攻。这片战场上的一名重要的战士，便是一位名叫约翰·李尔（John Leal）的新泽西医生。

李尔对公共健康，尤其是对供水污染的兴趣，源于他个人所遭遇的不幸。美国内战期间，他的父亲就因饮用了被细菌污染的水而久卧病床、痛苦去世。

19世纪90年代末期，李尔测试了多种杀灭细菌的方式，而其中的一种有毒物质尤其激发了他的兴趣，那就是次氯酸钙，它在当时被称为"含氯石灰"（也就是塞麦尔维斯所推崇的清洁剂）。当时，含氯石灰或漂白粉已经被当作一种公共卫生消毒剂广泛使用。暴发伤寒或霍乱的房屋和街区都会定期使用这种化学物质进行消毒，但这种干预对通过水传播的疾病毫无效用。漂白粉那强烈而刺鼻的气味与流行病联系在一起，在许多美国人和欧洲人的脑海中刻下了难以磨灭的印记。另外，漂白粉还是一种有可能致命的物质。因此，将漂白粉加入水中的观念一直没能树立，绝大多数的医生和公共卫生权威机构对这种方法也持反对态度。

有了能够观察和测量由水传播的疾病背后的微生物的工具，李尔逐渐认定，加入适量的氯比任何其他方法都更能有效地除掉水里的细菌，且不会对饮水的人造成威胁。但是，该如何大规模地证明这一观点呢？在泽西城供水公司任职之后，李尔暗中找到了答案。

李尔负责监管帕塞伊克河流域的 70 亿加仑 ① 水，泽西城 20 万名居民的饮用水都来源于此。在不知情的情况下，这些居民成为公共健康历史上最奇特而大胆的一次干预的参与者。在几乎完全保密的情况下，未得到政府权威机构批准且没有对公众发出通知的约翰·李尔往水中加入了氯。

泽西城供水公司已经因其供水的水质而与市政府打了数场官司，并被责令修建新的下水管道。但李尔明白，这种做法于事无补。因此，他决定亲自上阵。

在工程师乔治·沃伦·富勒（George Warren Fuller）的协助下，李

---

① 　1 加仑约为 3.79 升。——编者注

尔在泽西城外的水库建造并安装了一个"漂白粉供应设施"。1908 年 9 月 26 日，水库启用。这是历史上城市供水的首次大规模氯化，由于公众对化学过滤的普遍反对，此举无疑是在铤而走险。

李尔进行大胆实验的 3 天后，消息传了出来，他也被一些人打上了疯子或恐怖主义者的标签。李尔被传唤到法庭上为自己的行为进行辩护，他声明，他不仅自己会饮用氯化水，也会毫不犹豫地给家人饮用这种水，氯化水是世界上最安全的水。这场官司就这样尘埃落定。几年之内，泽西城通过水传播的疾病显著减少，所得的数据为李尔的大胆行为和理论提供了支持。

李尔没有给他的氯化技术申请专利，好让任何自来水公司和市政府都能够自由对其加以利用。研究人员发现，在氯化法和其他水过滤技术首次在全美推广的 1900—1930 年，洁净的饮用水使得美国城市人口的平均死亡率下降了 43%，而婴儿的死亡率则更是奇迹般地下降了 74%。氯化法成为全美通用的惯例，最终也传播到世界各地。

氯化法不仅能挽救生命，还能带来欢乐。第一次世界大战后，美国共有一万家加氯的公共浴室和泳池开张，学习游泳成为人们成长中的必经之路。第二次世界大战后，美国人对游泳的狂热爱好延伸到各家各户。到 20 世纪 60 年代，全美有数百万个家庭配备了加氯泳池。

图4-8　泳装大赛，1921年。漂白粉使得设立公共游泳池成为可能。从"远观细看"的角度来说，这也引发了一场看似不相干的变革：女装时尚。20世纪初，做一件女性泳衣平均需要用10码①布料，而到20世纪30年代末，1码布料就足够了

没有最洁净，只有更洁净

　　在整个 19 世纪，清洁技术的发展主要带来了大规模的公共健康项目和系统。但是，20 世纪的清洁技术则私密而个性化得多。

――――――――――

①　　1 码约为 0.91 米。――编者注

李尔的大胆实验过后短短几年，5 位来自旧金山的企业家便每人出资 100 美元，推出了一款以氯为基础的产品。虽然这个创意在事后看来是明智的，但是他们的漂白生意针对的是大型工业，产品销售并没有像他们期望的那样快速发展起来。其中一位投资者的妻子安妮·默里是奥克兰一家商店的店主，她认为，漂白剂在家庭和工厂里都能成为一款革命性的产品。

在默里的坚持下，公司制造了一个效果不那么强的版本，用较小的瓶子包装。默里对产品的前景深信不疑，甚至给她商店里的所有顾客发放免费试用装。短短几个月，这种瓶装漂白剂就卖疯了。虽然当时的默里并不知道，但她实际上推动了一个全新产业的诞生。

安妮·默里创造了美国第一款商业家用漂白剂，它也是清洁品牌浪潮中第一个在新世纪（20 世纪）进入千家万户的品牌：高乐氏（Clorox）。

家用卫生产品是第一批在杂志和报纸上用整版广告进行宣传的产品中的一员。20 世纪 20 年代，美国人被商业信息狂轰滥炸、被灌输若不处理身上或家里的细菌就会因此而蒙羞的理念的时代突然到来。肥皂、漂白剂、漱口水及香体露就是福音：现在就买吧！

广播台和电视台相继开始尝试用新的方法讲故事，个人卫生用品公司的广告成为这些广播背后的赞助者，打造出一种巧妙绝伦的营销策略。现代"肥皂剧"应运而生。

图4-9 1936年的一则高乐氏广告。图中文字意为：啊哈！打扫清洁和杀菌消毒的问题双双解决！高乐氏，漂白、去除污渍、消除气味、杀灭细菌……为健康加固防护

如今的清洁产业估值约为 800 亿美元。走进一家大型超市或杂货商店，你就会发现成百上千种致力于铲除家中危险细菌或是让人从牙齿到双脚都干干净净的产品。

过去两个世纪里所展开的人类与细菌之间的战争，以及我们对疾病以微生物的形式传播的逐步认识，都产生了深远的影响。在 19 世纪以前，没有一个社会能够成功建造并维持一座人口超过 200 万的城市，而洁净的饮用水和稳定的垃圾处理技术改变了这个情况。如今，伦敦和纽约的人口都超过了 800 万，人口平均预期寿命不断延长，而患病率则不断降低。

然而在今天，有将近 30 亿人——40% 的世界人口仍然用不上洁净的饮用水和基本的卫生系统。其中的许多人居住在像印度德里（人口为 2 400 万）这样的超大城市中较为贫困的地区，缺乏基础设施和基本的公共服务。因此，我们现在的问题是，该如何扩大清洁革命的范围？该如何利用新的创意和技术来得出新的解决方案，就像疾病的细菌理论和显微镜启发人们得出对水进行化学处理的灵感一样？有没有什么方法能够绕开建造大型基础设施或工程项目这条价格昂贵的劳动密集型道路呢？

2011 年，比尔及梅琳达·盖茨基金会宣布发起一项多年期的比赛，启发人们改变对基本卫生服务的思考方式。"厕所创新大赛"征集了无须连接下水道或电路且使用者每天的人均花费在 5 美分以下的设计方案。首个获奖作品是由加州理工学院设计的厕所系统，这个自给自足的设计使用太阳能电池板为电化学反应器提供能量，反应器用于处理人类排泄物，可产生冲洗和灌溉用的洁净水，以及可储存于燃料电池中的氢。该系统使用廉价的电脑芯片作为监控，正在印度的两个试点和中国的一个试点做测试。

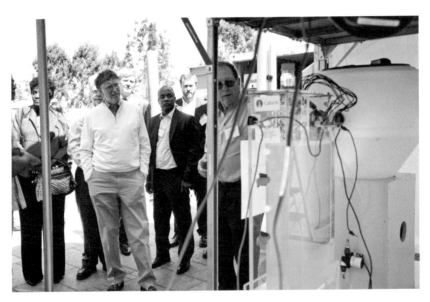

图4-10　比尔·盖茨观看加州理工学院的设计模型。其他的研究小组也在进行"未来厕所"的设计；2013年，联合国大会宣布将11月19日定为世界厕所日，以此引起人们对全球卫生设备问题的重视

很显然，高科技可以通过低科技途径制造出节省能源而便于使用的产品。有趣的是，计算机科技本身就是清洁革命的一种副产品。如果没有清洁的水，智能手机和笔记本电脑就无从谈起了。

计算机芯片是精妙而复杂的神奇创造，其微观细节几乎是我们无法理解的。要想测量计算机芯片的大小，我们就必须缩小到微米——1 米的百万分之一——的尺度。在这种规模条件下进行生产制造，要用到先进的机器人和激光工具。而除此之外，芯片工厂还需要具备另一种科技：洁净得一尘不染的科技。可以说，芯片工厂是地球上最洁净的地方之一。这些工厂生产的精巧硅片上如果落上一粒家中的灰尘，那就好像是珠穆朗玛峰倒下砸在曼哈顿的街角一般。

另外，芯片工厂还需要大量超纯水作为芯片的溶液。为了避免杂质，所有的细菌污染物及矿物质、盐、随机离子都要从水中滤出。这一过程制造出了不可饮用的超纯水，如果喝下一杯这样的水，你体内的矿物质便会被吸走。

这就是清洁的完整循环：19 世纪科学和工程学领域的一些最为天才的创意，帮助我们净化了曾经肮脏得不可饮用的水。而在 150 年后的今天，为了打造"未来厕所"等数字时代所必需的工具和技术的我们，竟又制造出了因太过干净而不可饮用的水！

第 5 章
时间

现在几点了？

如果在 150 年前提出这个问题，你至少会在印第安纳州得到 23 个不同的答案，在密歇根州得到 27 个答案，在威斯康星州得到 38 个答案。这个问题的答案完全取决于你身在何处及如何计量时间。

在人类历史的几乎整条长河中，人们都根据记录太阳系天体的运动节律来计算时间。天数根据日出与日落的循环来界定，月份根据月球的周期来划分，而年份则由缓慢但稳定的季节更替来定义。但在这段历史的大部分时间里，我们都误解了导致这些规律产生的原因，以为太阳围绕着地球转动，而不是地球围绕着太阳转动。

来来回回，来来回回……

随着时间的流逝，人们创造了可用来测量日夜交替的工具，并最终创造了能够测量时、分、秒的工具。这些人中，有一名 16 世纪的意大利学生，从他的胡思乱想中最终诞生了一项重大的发现。

意大利的比萨因其倾斜的天主教堂钟楼及知识渊博的本地人伽利略·伽利雷而闻名。在比萨有着千年历史的天主教堂的天花板上，悬挂着一组圣坛吊灯。据传在 1583 年，坐在教堂长椅上参加祷告的 19

岁的伽利略在遐想之际发现有一盏圣坛吊灯在来回摇晃。吊灯有规律的运动让他看得出神，无论划过的弧度有多大，吊灯来回摆动所用的时间似乎总是一样的。当摆动的弧变短时，吊灯摆动的速度也会变慢。为了确定自己的观察结果，伽利略利用他能找到的唯一一种可靠的计时器——他自己的脉搏——测量了吊灯的摆动速度。

图5-1　比萨天主教堂天花板上带给伽利略启发的吊灯

伽利略在接下来的 20 年中展现了自己在物理学、数学及天文学领域的天赋。他用望远镜做实验，基本上创建了现代科学。但即便如此，那盏圣坛吊灯仍在他的脑海中来回摆动。他决心建造一个钟摆，重现他在比萨天主教堂中观察到的那一幕。伽利略发现，钟摆摆动所需的时间取决于系着物体的绳子的长度，而非摆幅的大小或物体的质量。他在给一位科学家同人的信中写道："钟摆的神奇特性，就在于它的摆动幅度无论是大还是小，摆动一个来回的用时都是相同的。"

用时相同。在伽利略所处的时代，尚不存在能够保持精准节拍的机器。绝大多数的意大利城镇都有巨大而笨重的机械钟，这些机械钟必须根据日晷的读数进行校正，否则一天就会丢失或多出 20 分钟。在文艺复兴时期，最精确的计时科技连精准到日都很难做到——但即便如此，也很少有人会真正留意这一点。

等一下，我们在哪儿呢？

16 世纪中叶，绝大多数人都不需要"分秒必争"的精准度。你只要大致知道自己身处一天内的几点钟，就能高枕无忧了……但前提是，你必须待在陆地上。巧的是，全球航海的首个伟大时代就在此时到来。受到哥伦布的启发，来自欧洲的探险家乘船驶向远东及美洲，探寻财富与盛誉。要想保命，他们就必须利用时间来为自己保驾护航。通过记录太阳和其他天体的运动，领航员能够计算出他们所在的纬度——在南北方向上的位置。然而，要算出位置的经度，人们就必须用到时钟。

在现代航海技术出现之前，计算船只经度的唯一方法就是在船上放置两只时钟。一只时钟精确定在出发点的时间上（假设你知道那个地点的经度），另一只时钟则记录下你在海上位置的当前时间。两个时间之间的差异能够让你计算出你所在地点的经度：每 4 分钟的差异可转换为经度的 1 度，或是赤道上的 68 英里。

在风和日丽的天气里，你可以通过太阳的精准位置轻松重置船上的定位时钟。问题出在发航港的时钟上。由于计时技术每天会慢或快20 分钟，发航港的时钟在航程进行到第二天时便会失去效用。

欧洲各国纷纷悬赏，鼓励人们找到解决航海经度问题的方案。伽利略致力于解决这个问题，但他基于天文学观察的方法使用起来太过复杂，也不够精确。伽利略的关注点重新荡回钟摆，期望他对钟摆"神奇特性"的慢直觉终有一日会开花结果。在儿子的帮助下，伽利略于 1641 年画出了第一台摆钟的草图。尽管直到 1761 年英国人约

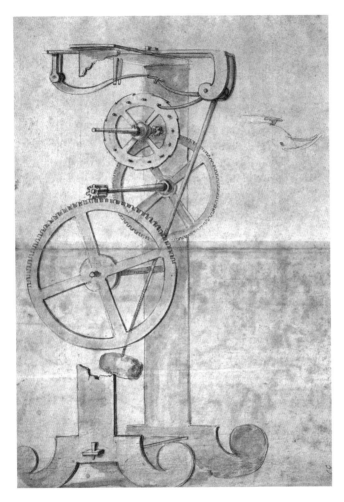

图5-2 伽利略回到钟摆理论的时候，已年届77岁，并双目失明，因此这幅设计图是他的儿子在1641年绘制的。钟摆以等拍摆动，从而控制着钟表上的指针。伽利略没来得及将他革命性的创意拿到海上做实验

翰·哈里森发明出航海精密计时器，经度问题才得到解决，但伽利略的摆钟仍标志着计时科技上的一大进步。

摇摆的摆钟

到 18 世纪，在整个欧洲，尤其是在英国，摆钟已经成为办公室、市镇广场及富人家里随处可见的摆件。这些摆钟每周只会失准 1 分钟左右，这也让摆钟比之前的计时机器精准了大约 100 倍。从"远观细看"的视角来看，摆钟不仅让我们知晓时间，而且改变了我们对时间的体验。

想象一下 18 世纪中期处于工业革命早期的英国。你会联想到噪声，也就是蒸汽机的轰鸣、蒸汽动力织布机的咔嚓作响及其他机器发出的铿锵之声吗？在工厂的喧嚣声之下，还存在着另一种重要的声音：静静为人们计时的摆钟的嘀嗒声。

精准的时钟对世界的工业化是不可或缺的，它不仅能够在海上确定经度，还大大减小了全球航运网的风险。更为稳定的船运为工业家们提供了源源不断的原材料，而这些工业家又进而将他们的货物输送到海外的市场。17 世纪末和 18 世纪初，世界上最可靠的手表是英国

图5-3 图中所示的德国生产的里夫勒摆钟可以精确到每天只偏移百分之一秒的程度。
1904—1929年，作为美国政府机构的美国国家标准与技术研究院曾使用这种摆钟作为测量时间
的标准

制造的，英国由此实现了精密工具制造所需的技术储备。当工业革命的创新需求出现时，这一储备的效力便极大地彰显了出来，就像生产眼镜的玻璃制造技术为望远镜和显微镜的制造打开了大门一样。钟表匠是引领工业工程学的先锋。

时间几何

钟表最重要的作用，便是将人们从自然时间带入计划时间。在大多数人身处农村社区进行农耕或生活的时代，人们通常依据完成一项任务所需的时间为标准来描述时间。人们不会具体说过几分钟会面，而是会说给奶牛挤完奶再会面。工匠不是按工时收费的，而是按照单件做成的工艺品收费。人们的日程各不相同，且无规律可循。很显然，工厂的号角一旦吹响，这种情况便不能延续下去了。

当人们离开农田走进厂房后，我们对时间的体验便永远地改变了。人们需要按时上班打卡，完成 14 个小时的轮班。工作日不再跟随太阳的节律，你要起早摸黑离家，然后一直工作到黑夜再次来临。如果你的身体时钟需要调整，那就喝一杯咖啡或茶吧。一种充斥着刺激因素的新型产业，使我们双眼圆睁、工作不止。

图5-4　工人们在费城的一家工厂等待打卡，摄于约1942年。工业时代带来了关于时间的新观念，包括时钟和时薪

　　对经历工业革命的第一代人来说，"时间纪律"是对系统的一次颠覆。摆钟拦截了生活肆意的流逝，用一个数学的网络对其进行管控。事实再次证明，我们对事物测量能力的提升，与我们对事物制造能力的提升一样重要。

但是，钟表并非人人都有，工厂的厂主会雇用"唤床人"把劳工们唤醒，好让他们按时上班。直到 19 世纪中期之前，怀表一直是奢侈品。在那时，制造一块表牵扯到 100 多项各不相同的工序，从用绳子转动铁片来制作跳蚤大小的独立螺钉再到雕刻表壳，不一而足。马萨诸塞州的一名铜匠的儿子阿伦·丹尼森（Aaron Dennison）借鉴了使用标准化通用零件制造武器的新方法，将同样的技术运用于制表，从而改变了这种情况。丹尼森通过以《独立宣言》的签署者之

一威廉·埃勒里命名的"威廉·埃勒里"怀表，将曾经被归为奢侈品的怀表变成了主流用户的必需品。1850 年，一块普通的怀表要价 40 美元，而到 1878 年，一块丹尼森怀表仅用 3.5 美元就能买到。

图5-5　一位佩戴怀表的不知名士兵的照片，摄于约1860年。在美国内战时期，阿伦·丹尼森怀表的销售量超过了16万只。连亚伯拉罕·林肯也佩戴了一块"威廉·埃勒里"怀表

你那边几点？

丹尼森将怀表装入了千千万万只口袋，但这些怀表的时间却各不相同。在美国，每个城镇和村庄都会按照太阳在天空的位置调校钟表。即便向东或向西移动几英里，与太阳之间的相对位置的移动也会导致日晷计时读数的变化。站在一个城市里，时间为傍晚 6 点整，但仅三个城镇之外的准确时间却是傍晚 6 点零 5 分。时钟上的时间虽然已经得到了民主化，但却尚未被标准化。

然而，人们竟然对这种不统一毫无察觉，这真是最令人匪夷所思之处。人们无法与距离三个城镇的人直接对话，而在路况不可靠的道路上慢吞吞地赶过去也需要一两个小时。因此，各个城镇的钟表之间差几分钟，是根本不会引起注意的。可一旦人员和信息开始快速流动，这个问题便极大地凸显了出来。电报和铁路暴露了非标准化的钟表时间所隐藏的模糊性，就像几个世纪以前印刷机的发明暴露了人们对眼镜的需求一样。

东西移动的火车搅乱了我们对时间的测量。向西前行会使时间显得慢了下来，因为你在追赶太阳在天空中运动的轨迹。而向东前行则会带来相反的效果。火车每开一个小时，坐在火车上的你就必须依据火车的速度将手表调慢或调快几分钟。另外，你还要考虑到每条铁路所用时钟的时间也各不相同。如果在 19 世纪旅行，光是计算时间就能让人望而却步。

面对类似问题的英国在 19 世纪 40 年代将全国时间统一为格林尼治标准时间。（英国的格林尼治位于本初子午线上，本初子午线的经度为零。）铁路时钟的时间通过电报进行同步。然而，美国幅员辽阔，不适宜将单一时间作为标准，1869 年横贯整片大陆的铁路线开通之后更是如此。全美国共有 8 000 个城镇，每个城镇都有自己的时间，各城镇之间又由长达 10 万英里的铁路线联结。在这种情况下，对某种标准化体系的需求已迫在眉睫。

19 世纪 80 年代初，一位名叫威廉·F. 艾伦（William F. Allen）的铁路工程师接过了这个挑战。作为铁路时刻表指南的编辑，艾伦切身体会到当时的时间系统有多么令人抓狂。在 1883 年于圣路易斯召开的一次铁路会议上，艾伦提交了一份地图，提议将 50 个各不相同的铁路时间归为 4 个时区：东部时区、中部时区、山地时区和太平洋时区。根据艾伦设计的地图，不同时区之间的界线稍呈之字形，以契合主要铁路线的交会点，而不是沿着经线直上直下。

铁路老板们被说服了，并给了艾伦 9 个月来将创意付诸实践。艾伦热情满满地发起了一场写信和施压并举的活动，最终成功拉拢了政界人士和其他官员。于是，1883 年 11 月 18 日便成为美国的"双正午日"。艾伦的东部标准时间恰好比当时的纽约准确时间慢了 4 分钟，因此在 11 月的那个特殊的日子，曼哈顿教堂的钟声在纽约时间的正午响起，又在 4 分钟后再次报响了第二个正午，即东部标准时间（EST）的中午 12 点整。第二个正午通过电报在全美广播，好让从东部地区一直到太平洋地区的铁路线和市镇广场根据各自所在的时区对钟表进行同步校准。

在接下来的一年中，格林尼治标准时间成为国际标准时间，整个地球被划分为不同时区。一旦校准了钟表，国际贸易、旅行及通信就都得到了巨大的发展。而接下来的时间革命涉及的设备同步将变得更加准确。

正能量振动

19 世纪 80 年代，法国科学家皮埃尔·居里和雅克·居里在石英等晶体中探测到了一些有趣的特质：如果施加足够的压力，这些晶体就能振动，用交流电对其进行电击时的效果更加明显。更重要的是，石英晶体的振动频率稳定在每秒 32 768 次，就像伽利略的摇摆吊灯一样，这也是一种稳定不变的运动。正如从伽利略的观察中衍生了钟摆一样，居里兄弟对现今所谓的"压电"的研究结果，也为一种新的钟表的诞生提供了条件。

1928 年，贝尔实验室的 W. A. 马里森（W. A. Marrison）和 J. W. 霍顿（J. W.Horton）制造出了第一台石英钟，它利用晶体的稳定振动来记录时间。这款石英钟每天只会走快或走慢千分之一秒，与摆钟相比，它不容易受到温度或湿度变化的影响，受运动的影响就更小了。

石英钟成为科学和工业界主要的计时工具，从 20 世纪 30 年代开始，标准美国时间由石英钟来记录。到 20 世纪 70 年代，石英腕表开始在大众市场普遍流通。如今，计算机、手机、平板电脑、微波炉、闹钟、腕表、汽车时钟等几乎所有带有时钟的家用电器，利用的都是石英压电。

另一个由石英时间带来可能性的东西，乍看之下与时间并没有任何关系：计算机运算。计算机的微芯片每秒可以执行几十亿次运算，同时与电路板上的其他微芯片进行信息交替。这些操作全部通过一个主时钟进行协调，现在，这些主时钟几乎无一不是用石英制造的。我们之所以能够利用计算机写作业或看视频，不仅仅归功于史蒂夫·乔布斯和比尔·盖茨这样的创新者，钟表匠几个世纪以来的不断创新也起了至关重要的作用。

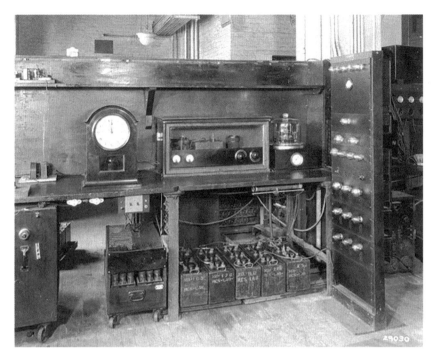

图5-6 第一台石英钟，摄于约1928年。石英晶体的切面决定了其每秒能振动的次数，马里森和霍顿的发明运用的是石英每秒5万次的高频振动

超越天文时间

开始使用石英钟计量时间之后，人们发现，一天的长度并不像以前认为的那样可靠。由于地球表面的潮汐牵引、吹过山脉的风及熔融

状态地心的内部运动，一天的时间会以半无序的方式缩短或延长。如果要精确计时，我们就不能以地球的自转作为标准，而需要一个更好的计时器。

20世纪早期，尼尔斯·玻尔、沃纳·海森堡等科学家率先发现原子，使得能源和武器领域衍生了一系列壮观而具有强杀伤力的发明，比如核电站及氢弹。原子方面的研究也引出了一个不太知名但同样重要的发现。玻尔注意到，铯原子中旋转的电子的运动有着惊人的规律性。这些电子打出的节拍比地球的自转准确许多，可以用来测量均等的时间间隔。

20世纪50年代中期，第一批原子钟问世，并很快确立了一个新的标准：我们可以测量到的时间精确度已经达到纳秒级别，即十亿分之一秒。原子钟比石英钟精确1 000倍，计时精确度达到每50亿年仅仅偏差1秒！

1967年10月13日，国际计量大会宣布，地球主时钟的时间应该以原子秒来计量。一天的长短不再是地球完成一次自转的时间，而是86 400原子秒，由全世界270台同步的原子钟共同计数。这些原子钟使用了石英机制，且每年都要进行重设，以使原子节律和太阳节律不至于产生太大的偏离。

原子时间对日常生活产生了极大的影响。全球航空旅行、电话网络及金融市场都要依赖于纳秒级的精度。每次低头看智能手机确定你的位置的时候，你其实就是在查询由安置在近地轨道卫星上的 24 座原子钟组成的网络。这些卫星不断地发送信号：当前时间为 11:48:25.084 738……当前时间为 11:48:25.084 739……由于这些卫星的位置都可以推算，因此，一台真正"智能"的手机可以通过三个不同的时间戳进行三角测量，从而计算出自己所在的准确位置。这种全球定位系统（GPS）的机制，其实就是 18 世纪领航员对比时钟的方法的现代高科技版本。

时光悠悠

关于测量时间的故事仿佛清一色是围绕着加速展开的，将一天划分成越来越小的区块，好让我们提高做事情的速度。然而，原子时代的时间测量也在全然相反的方向上有了长足发展，使用千万年而非微秒作为单位来测量时间。

19 世纪 90 年代，波兰裔法国科学家玛丽·居里（居里夫人）提出，辐射并不是分子之间的某种化学反应，而是原子所固有的某种性质。这个发现对物理学的发展起了至关重要的作用，让她在后来成为第一位斩获诺贝尔奖的女性。她的研究很快引起了丈夫皮埃尔·居里的注意，皮埃尔放弃了自己的晶体研究，将注意力转向辐射。两人共同发现，放射性元素是以恒定的速度衰变的。比如说，碳-14 的半衰期为 5 730 年。将一些碳-14 放置 5 000 年左右，你会发现它损耗了一半。

科学又一次发现了一种产生"相等时间"的时钟，但这种时钟所计数的，并非石英晶体振荡的微秒或是铯电子的纳秒。放射性碳的衰变是以世纪或千年为单位进行测量的，这种衰变也可以被用作一种"时钟"。

绝大多数的钟表都致力于计量当下的时间，即现在几点，但是放射性碳钟却专注于过去。不同的元素以截然不同的速率衰变，也就是说，它们就像按照截然不同的时间刻度嘀嗒计时的钟表一样。碳-14 每 5 730 年"嘀嗒"走一下，但是钾-40 却需要过 13 亿年才"嘀嗒"走一下。因此，我们所知的碳元素年代测定法便成为测量人类历史悠久"深时"的理想钟表，而钾-40 则被用来测定地质时间，也就是地球本身的历史。当智人在一万多年前第一次踏上美洲大陆时，尚且没有什么历史学家能够写下关于其旅途的叙述性文字。但是，早期人类骨头中的碳元素及营地里留下的木炭残余物却捕捉了他们的故事。我们之所以能对全球史前人类迁徙有充分的认识，从很大程度来说都是托了碳元素年代测定法的福。如果没有碳元素年代测定法，人类迁徙或地质变化的悠久"深时"就会像一本页码被随意打乱的史书：虽然

图5-7 1904年的一本法国杂志的封面刊登了居里夫人和皮埃尔·居里在他们的实验室里工作的情景。图中杂志名为《小巴黎人》

图5-8 "万年钟"的第一个原型。在得克萨斯州西部的一座山里，人们
正在制造一座巨大的钟。这座钟大约有200英尺高，每10 000年才会走
一次，这大约是人类文明起源至今的时长。这座时钟背后的前瞻者"今
日永存基金会"希望这座壮观的大钟能够拉长我们对时间的感知，尤其
是对当下的行动及其对未来造成的结果的思考

满是史实，但却缺乏年代顺序和因果关系。

这就是原子时代奇特的时间悖论：我们活在越来越短的时间区块中，由在无形中"嘀嗒"前进且精准度无可挑剔的钟表指引着我们的生活；我们的注意力持续时间很短，自身的自然节律也屈从于钟表时间的抽象框架。但与此同时，我们却拥有了想象和记录几千甚至几百万年历史的能力，也能够追溯跨越了几十代人的因果关系链。我们的时间视界在两个方向上同时扩展开来，一边是微秒，一边则是千年。从"远观细看"的角度来看，我们所获得的知识能够帮助我们应对21 世纪中的一些最为关键的问题。

第6章

光

NEW YORK
NEW YORK

想象一下，某个外星文明一直在观察地球，试图寻到智慧生命的迹象。几百万年来的观察几乎一无所获，但大约从一个世纪前开始，一个重大的变化突然出现：到了晚上，地球的表面被城市的路灯点亮，这灯光最先出现在美国和欧洲，然后不断扩散到地球各个角落。从太空看去，人造灯光的出现便是我们的星球在过去的 6 500 万年间最壮观的变化。

人造光改变了我们生活、工作乃至睡眠的方式，也启发了影响着我们生活方方面面的创造发明，包括生产、建筑、家用物品及娱乐。人造光推动了全球通信网络的创建，也在能源生产领域扮演着核心角色。但是，关于人造光的灵感，却并非乍现而来。

烛光并非一直浪漫

10 万多年以前，人类掌握了控制火的方法，火光也第一次带来了人造光。虽然有一些古代文明使用油灯，但几千年来，驱逐黑暗的工具却一直是朴素的蜡烛——无奈它既不耐用，又味道难闻。使用蜂蜡制作的蜡烛备受推崇，但却价格昂贵，只有富人才用得起。绝大多数人都用兽脂蜡烛勉强对付，这种蜡烛通过燃烧动物油脂来发出昏暗的光亮，还会产生浓烟并散发一股刺鼻的恶臭。在许多普通家庭里，兽脂蜡烛都是自制的。人们要将盛着牛油或羊油的大罐子加热，然后搅拌、撇去浮物，再用编织的烛芯不断蘸取这臭烘烘的混合物，或是配合使用烛芯和模具。动物油脂在烛芯周围堆积起来，然后变硬。殖民地时代的美国家庭平均一年会用掉大约 400 支蜡烛，因此人们有时会花好几天制作蜡烛。

想象你自己是一名面对寒冬的 18 世纪新英格兰农民。太阳下午 5 点就下山了，接踵而至的则是许多个小时的黑暗。四周一片漆黑：没有街灯、手电、灯泡、荧光灯，就连煤油灯都尚未被发明出来。只有壁炉里的昏暗火光，以及一边燃烧一边升起浓烟的兽脂蜡烛。

还是早早上床睡觉好受点儿。

当今的科学家认为，在人造光普及之前，人们的睡眠模式与现在相比截然不同。当黑暗降临之时，人们进入"第一阶段睡眠"，睡大约 4 个小时后起来吃些点心、上厕所、做爱或围在炉边谈谈天。然后，人们回到床上进入 4 个小时的"第二阶段睡眠"。摇曳不定的烛光不够明亮，不足以将人们的睡眠模式从两段转化为一整段。如此巨大的变化，需要 19 世纪稳定而耀眼的照明才能实现。而这种光亮却来源于一个最让人毛骨悚然的地方：一种 50 吨重的海洋哺乳动物的头盖骨。

看！喷水的鲸！[1] 燃烧的鲸！

　　传说大约在 1712 年，马萨诸塞州楠塔基特湾的一股强劲的暴风，将一位姓赫西的船长（船长的名字在历史中轶散）连人带船吹向了远海。在北大西洋的深海上，他遇到了一种从未有人见过的鲸，这头深海中的庞然巨兽，便是抹香鲸。

　　绝大多数人都认为赫西用鱼叉制服了这头巨兽，捕鲸人在肢解这

图6-1　一幅19世纪的手绘上色的捕猎抹香鲸版画。鱼叉猎手（右侧）需要离这头巨大的动物非常近才行。即便换了鱼叉，这种强大的鲸鱼也有可能逃脱，拖拽着窄小的捕鲸船在楠塔基特湾进行一次"雪橇滑行之旅"

---

① 　原句出自赫尔曼·麦尔维尔的小说《白鲸》。——译者注

头庞大的哺乳动物时发现，这种生物巨大的头颅中有一个腔体，其中充满一种类似精液的白色油脂状物质。这种鲸油后来被称为"鲸脑油"。

时至今日，科学家尚不能完全确定抹香鲸为何会分泌鲸脑油。一些人认为抹香鲸利用鲸脑油制造浮力，有的人则认为鲸脑油有助于这种哺乳动物利用其回声定位系统定位。但无论如何，鲸脑油量大都是不争的事实：一头成熟的抹香鲸的头盖骨中的鲸脑油多达 500 加仑。而新英格兰人也很快找到了鲸脑油的用途。

他们惊喜地发现，与兽脂蜡烛相比，使用鲸脑油制作的蜡烛不仅烛光强烈而明亮，而且不会产生大量烟雾。到 18 世纪下半叶，鲸油蜡烛成为美国和欧洲最珍贵的人造照明工具。

蜡烛行业日进斗金，于是，一批制造商建立了一个名为"鲸油商人联合公司"的组织。这家被称为"鲸油托拉斯"的组织将竞争对手拒于行业之外，并强迫捕鲸者将价格保持在一定范围内。换句话说，这是一个固定价格的垄断组织，也是有记载的第一批垄断组织之一。

捕鲸是一个极其危险且遭人反感的行业，提取鲸脑油更是让人退避三舍。水手们先在捕获的已经死去的抹香鲸头顶凿一个洞，然后让打杂男童这种船上身材最矮小的人进入鲸脑上侧的颅腔中刮取鲸油。最终，越来越多的人爬进鲸脑巨大的颅腔，在腐烂发臭的尸体中待几天，运出成桶的珍贵油脂。想来有趣：如果你的曾曾祖父想在夜间读书，某个 12 岁的孩子就得在鲸鱼的头骨中爬来爬去，忙活一个小时！

仅仅一百多年之间，被屠杀的抹香鲸就几乎有 30 万头（当今的抹香鲸数量被认为在 20 万~150 万头，准确的估算几乎是无法得出的）。如果没有找到新的人造光燃料来源，这种动物可能已经被我们赶尽杀绝。而人们这次找到的油，是埋藏在地底下的。

GRAND BALL GIVEN BY THE WHALES IN HONOR OF THE DISCOVERY OF THE OIL WELLS IN PENNSYLVANIA.

图6-2　在这幅1861年的漫画中，松了一口气的鲸鱼们举杯欢庆。19世纪60年代，煤油等化石燃料越发常见，石油产业很快取代了鲸油产业。但在19世纪，人们仍使用鲸油点灯或将其作为蒸汽引擎和蒸汽机车的润滑剂，1972年以前，美国汽车的变速器使用的一直是鲸油。抹香鲸现被列为濒危动物。图片下方文字意为：为庆祝在宾夕法尼亚州发现油井，鲸鱼家族举行盛大舞会

说"茄子"!

　　煤炭、石油、天然气等化石燃料是曾经活着的有机体的残骸在地下形成的。人们对石油燃料的首次商业利用是围绕人造光展开的。19世纪中期，比之前发明的任何蜡烛都明亮20倍的新的煤油及煤气灯问世。其超强的亮度推动了许多变革的诞生，包括19世纪下半叶杂志和报纸出版的大暴发。人们在夜间也能看见东西了，于是便渴望阅读更多的读物。有个名叫雅各布·里斯的人，却恰好希望人们能够对社会阴暗面的状况有所了解。而人工照明科技的创新，帮他吸引了人们的目光。

　　19世纪30年代，摄影师仍然要依赖自然日光才能照相。这就制约了他们在暗处、室内或任何自然光不足的时间地点进行拍摄的能力。许多摄影师都使用可燃化学物和可燃材料做实验，希望制造人造光，以拓展摄像的可能性。19世纪80年代，阿道夫·米特（Adolf Miethe）和约翰内斯·盖迪克（Johannes Gaedicke）两位德国科学家将高纯度的镁粉和氯酸钾混合在一起。这种混合物在爆炸时会发出白色的光亮，让人们能够在暗光条件下进行高速快门摄影。他们将这种混合物称为Blitzlicht，也就是"闪光"。

　　1887年10月，一份纽约的报纸刊登了一条关于"闪光"的四行文字的报道。报道引起了一个名叫雅各布·里斯的年轻人的注意，这个来自丹麦的移民是一名案件记者兼业余摄影爱好者。里斯很久以来都有一种慢直觉，他想将 19 世纪廉租公寓中污秽不堪的生活公之于众，以激发社会的改革。他花了好几年深入曼哈顿的贫民窟进行探索，但他对这些触目惊心的情景的新闻报道，却没有有效地撼动民意。而《卫生与公共健康委员会报告》等一系列细致入微的调查报告，也收效甚微。里斯怀疑，归根结底来说，廉租公寓改革及大部分城市贫困解决方案的问题都属于移民问题。以绝大多数有投票权的美国公民为首的美国人，与脏乱和贫困相隔甚远，连想象都无法做到，谈何提出变革。人们根本没有一个具象的认识，而雅各布·里斯恰恰想将具象的画面呈现给大家。

城市廉租公寓因缺乏新鲜空气和光线而臭名昭著，就连间接太阳光也少得可怜。这是里斯的摄影最大的一块绊脚石，但同时也有可能成为让闪光技术照亮黑暗的契机。

里斯组建了一个由业余摄影爱好者（以及几个好奇的警员）组成的团队，他们在夜间行动，身上名副其实地"武装"着闪光设备（为了制造出闪光，他必须将闪光粉装入弹药筒，用左轮手枪发射），潜入城市中的犄角旮旯。他们的"拍照派对"让贫民窟人心惶惶。就像里斯后来写的："无论我们怎么好言相劝，五六个男人三更半夜私闯

图6-3 雅各布·里斯，摄于约1900年

民宅，手拿大型手枪乱射一气，这样的场景都实在是很难让人安心。无论我们走到哪里，当地居民不是翻窗逃跑就是顺着消防通道往下滑，这也不足为奇了。"

里斯在探险之旅中拍摄的展示贫民窟悲惨生活的触目惊心的照片改变了历史。使用新的半色调印刷技术，里斯将这些照片放进了他的书《另一半人怎么生活》（1890 年出版）。这本书迅速蹿红，成为畅销书。里斯环游全美，将他的照片用玻璃幻灯片投射到墙壁或屏幕上，并配合图片做演讲。这部发人深省的作品导致了社会舆论的巨大转变，而他的照片则为 1901 年《纽约州廉租住房法》的出台积攒了人气，这部法律也让许多照片中记录的令人震惊的生活环境得到了根除。里斯的"圣战"引发了揭露黑幕的调查性新闻的新传统，最终让工厂车间的工作条件也得到了改善。

闪光技术摄影的历史提醒我们，创意是通过协作的网络逐渐成形的。从"远观细看"的角度来说，一旦被释放到世界上，创意便会引发一系列极少局限于单一学科领域的变化。人们在一个世纪中对闪光摄影术的实验，改变了下一个世纪数百万城市居民的生活。

图6-4　雅各布·里斯镜头下的纽约廉租公寓内部的情景，摄于1888年。当时，区区15 000幢建筑中竟居住着超过50万人，这使得曼哈顿下城的一些街区成为地球上人口最稠密的地方

灯泡熄灭……又被点亮

　　在里斯借着闪光粉在贫民窟中拍摄照片时，其他伟大的思想家和发明家正在寻找将人造光带入世界的方法。在煤油灯时代和今天光线充足的建筑物与居家环境之间，最伟大的进步无疑要数电灯泡的发

明了。

电灯泡已经成为天才或"灵感天降"的代名词。但实际上，灯泡的故事中并不存在单一的"灵光一闪"。不过，这段故事中的确有一个著名的主要人物：托马斯·阿尔瓦·爱迪生。

1878 年，31 岁的爱迪生在休假的几个月里前往美国西部旅游，当时的他已经发明了留声机。到了晚上，这个地方比爱迪生工作和生活的由煤气灯照明的纽约和新泽西的街道黑暗许多。到了 8 月，回到新泽西的门洛帕克实验室两天之后，爱迪生在他的笔记本里画了三幅示意图，题为"电光"。1879 年，他提交了一份"电灯"的专利申请，其中已展示了我们今天所知的灯泡的所有主要特性。

这位门洛帕克的年轻"巫师"，其实只是 80 年间发明白炽灯的一群人中的一员。1802 年，英国化学家汉弗里·戴维将一根铂丝附在一块早期电池上，成功使铂丝明亮地发光数分钟。到 19 世纪 40 年代，共有几十名彼此独立的发明家进行了各种灯泡的发明工作。从那时起直到 1879 年，来自美国、英国、比利时、法国及俄国的科学家用碳、铂、石棉、铱等元素，在有空气或真空的条件下做实验。这些人当中，至少有一半人早已发现了爱迪生最终得到的电灯基本配方：将一根碳丝悬垂于真空环境中，就可防止氧化及碳丝太快

图6-5 托马斯·爱迪生和他的留声机，摄于约1878年。爱迪生的名言是："天才是1%的灵感加上99%的汗水。"他与他的"野蛮帮"在实验室里为了琢磨细节而挥汗如雨，真正做到了言出必行

燃尽。

那么，为何一切功劳都被归到了爱迪生头上呢？

一个原因就是自我宣传。爱迪生是一位营销和公关方面的大师，与媒体的关系非常密切。另外，他也是我们现在所称的"雾件"大师：他会将子虚乌有的产品信息发布出来，吓退竞争对手。1878 年，早在着手发明灯泡的几个月前，爱迪生就告诉纽约的记者们，他马上就会推出一个全国可用的照明系统。但他并没有说明的是，实验室研发的电灯只能持续发光 5 分钟。

虽然如此，爱迪生还是邀请媒体来到他的门洛帕克实验室参观这款革命性的灯泡。他会每次带入一位记者，按下灯泡的开关，让每人感受三四分钟的灯光，然后赶紧将记者带出房间——以确保灯泡不会突然熄灭。当被问到灯泡能持续多长时间的时候，爱迪生便会胸有成竹地回答："几乎可以说永远也不会熄灭。"

1882 年，爱迪生终于兑现了诺言——或者至少能说制造出了一款性能优于所有竞争者的灯泡。同年，他按下了珍珠街新建发电厂的开关，为曼哈顿下城的一整个街区提供了电力照明。而此时，其他几家公司已经开始售卖自己的白炽灯了。在那之前的 1881 年，英国发明家约瑟夫·斯旺已经开始为家庭和剧院提供照明。爱迪生只是这个网络的一个组成部分，但却成为其中最耀眼的明星。

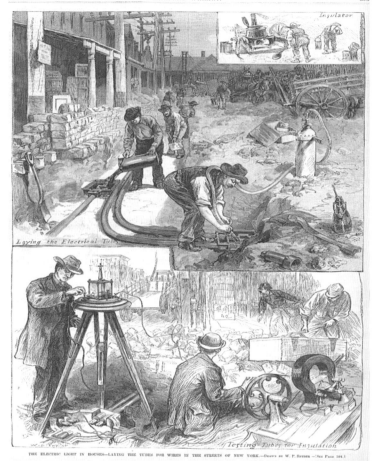

图6-6　1882年6月21日的那期《哈珀周刊》中的一幅画作描绘了美国第一家发电厂：珍珠街发电厂。如果要在家里或办公地点使用爱迪生的灯泡，这些地点就必须安装电源。爱迪生和他的团队需要设计和搭建能够发出足够电量的发电机，需要铺设可以传导电流的电线和导管网络，还要想出记录用电量和费用的方法

爱迪生成功的另一个关键因素是他在门洛帕克的实验室里组建的团队，也就是他的"野蛮帮"。这支团队包括一位机械师、一位修理工、一位数学家兼物理学家，以及十多名绘图员、化学家和金属工。与其说爱迪生的灯泡是一项独立的发明，不如说它是由各种微小但巧妙的进步累积的结果，团队的多样性成了爱迪生不可或缺的撒手锏。门洛帕克是世界上首家研究和出名兼有的实验室。爱迪生不仅用现金支付员工薪酬，还使用了现在科技行业中普遍使用的股份支付。他不仅发明了技术，还创建了一套完整的发明体系，这一体系在20世纪工业中占据了首要地位。

电灯泡和电力照明改变了一切。工厂可以24小时连轴运营，从而创造更多的岗位，也提高了效率。街道的电力照明使得犯罪率下降。电灯使得体育和娱乐面貌焕然一新，而霓虹灯也让招牌变得更加绚丽夺目。只需轻按开关，家中的电灯便会亮起，而这些开关最终也为其他家用电器打开了大门。电冰箱、洗衣机、吸尘器、食品加工机等电器削减了主妇们用在家务事上的时间，让千千万万的妇女腾出手来，走入职场。

图6-7　1935年5月24日，美国职业棒球大联盟举行了历史上第一场夜间比赛。在2万多名观众面前，主队辛辛那提红人队迎战费城的费城人队。在20世纪30年代爱迪生创建通用电气公司之前，体育赛事只能在日间举行，并通常安排在工作日，因此观众群较小

图6-8 拉斯韦加斯霓虹灯下灯火辉煌的炫目街景。氖气在被分离并通上电流时会发出光亮。20世纪20年代初，雄心勃勃的标牌制造商汤姆·扬（Tom Young）发现，他可以将氖气装进可弯折的玻璃管中，制造出让人眼前一亮的标牌。他的创意和公司都获得了巨大的成功，尤其是在拉斯韦加斯

新的科技开启了新的可能性，而我们探索这些可能性的方法更是五花八门。

扫描吧，条形码！

读过超级英雄漫画或看过科幻电影的人，恐怕都见过反派或外星人被一束光射中的情景。无论被称为死亡射线、光剑还是热射线，在

图6-9　赫伯特·乔治·威尔斯具有开创性的小说《星际战争》早期版本中的一幅插图，由巴西艺术家亨里克·阿尔维姆·柯利亚（Henrique Alvim Corrêa）于1906年绘制。威尔斯推动了科幻小说的诞生，也让"热射线"这一科幻小说中的重要武器为人所熟知

过去的一个多世纪中，这种激光武器都是科幻作品中的标配。

真正的激光束出现于 20 世纪 50 年代末，直到 70 年代才进入人们的日常生活。当激光终于出现的时候，其最开始的主要用途并非制作强大的武器，而是科幻作家从未想到的领域：扫描条形码。

激光是指单独的一束非常集中的光。激光不存在于自然中，而是人类科技制造出来的。自然或普通的电光具有数种波长或颜色，从而延伸开来。而一道激光却只有一种波长，从而只朝着一个方向传播。就像电灯泡一样，激光并非单独一位发明者的创造，而是出自几家实验室的研究成果及物理学家戈登·古尔德（Gordon Gould）独立完成的改动，后者也创造了"激光"这一名词，并为这种设计申请了专利。

上文说过，激光是非常集中而细密的光束，使用时可以达到极高的精准度。先别急，让我们像在科幻小说中一样回到 20 世纪 40 年代，先来看一看另一个发明：条形码。

20 世纪 40 年代末，伯纳德·西尔弗和诺曼·伍德兰（这两名研究生创造了一种可用机器读取的代码，用来识别商品和价格。早期的条形码看上去像是一只牛眼，需要 500 瓦的灯泡才能读取，它的亮度几乎是我们所用的普通灯泡的 10 倍，但准确度仍不理想。然而，激光的发明却让小型手持扫码器的出现成为可能。小说中的射线枪成了现实生活中买卖商品的"利器"。

NCR 255 scanning system for super-markets extends computer's power to checkstand. First system installed in U.S. is in Marsh Super Market, Troy, Ohio. Checker passes purchased items over scanning window. Universal Product Code, which appears on package, is read by laser scanner linked to computer. The latter records items and flashes prices on display panel. In supermarket control room, NCR 726 minicomputer controls system and provides detailed operating information for store manager.

图6-10　这些照片显示的是历史上第一款带有条形码的商品——一包口香糖——在俄亥俄州一家超市被激光扫描的情景，摄于1974年6月26日

　　条形码技术的蔓延速度很慢：到1978年，配备条形码扫描器的商店也仅仅占1%。但是，扫描条形码所提供的不仅包括价格信息，还包括销售、库存、补货及客户群方面的信息。有了更加准确的产品和销售信息，零售公司便能更加准确地把握客户的数量及所需的商品库存。连锁店和超市爆发式成长为遍布全球的大规模商场。现在，条形码在收银台之外的许多场所也得到了应用。1994年于日本发明的QR（快速反应）码将黑色的方格以一定规律在白底网格中排列，可

以通过智能手机或照相机进行"读取"。QR 码在广告和宣传、在线购物、银行及旅游等服务领域得到了广泛应用。无论是广告牌、名片还是 T 恤上，都有这种二维码的身影。

激光精准度

在扫描条形码领域首次得到应用的激光，几乎已渗透现代生活的方方面面，比如手术和其他医疗操作、生产、钻孔和焊接、音乐和电影，以及全球通信。激光甚至还将在核领域大显身手呢⋯⋯希望如此吧。

加州北部劳伦斯·利弗莫尔国家实验室美国国家点火装置（NIF）的科学家们已经建造出全世界最大且能量最高的激光系统。他们的目标就是利用激光制造出一种基于核聚变的新能源。所谓核聚变，是指太阳及其他天体的高密度内核中自然发生的一种反应。

在国家点火装置内部，一道低能量激光通过光纤线缆射入一间宽敞空旷的点火室，分裂成 192 道独立的激光，这些激光的能量被放大 10 的 15 次方倍，总量达到 500 万亿瓦特。所有这 192 道激光同时汇聚在一个氢燃料小球上，必须以无法想象的精准度进行定位：这就好比旧金山棒球场上的一名击球手，想要把球打到 350 英里之外洛杉矶球场的接球手手中一般。

受到激光轰击的氢燃料会释放能量。这是一股巨大的能量，就如同核聚变，即天体内将氢原子聚合并释放惊人能量的那种超高温、超高密度、超高压的反应。在国家点火装置的激光压缩氢燃料的那短暂一瞬，这块燃料小球便成为太阳系里最炙热的地方，温度甚至比太阳中心还高。

2013 年，国家点火装置宣布，这台设备在数次轰击过程中首次产生了净正能量，也就是说，这一过程产生的能量比激光所消耗的能量稍微高了一点儿。然而，并非所有科学家都认同这些研究结果，到 2016 年，人们严重质

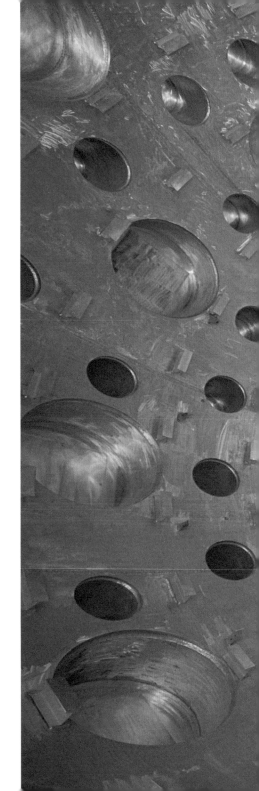

疑国家点火装置能否实现通过激光点火产生核聚变。作为国家点火装置监管部门的美国能源部决定在 2020 年确认，此部门应该继续进行核聚变实验还是将资源和精力放在别处。尽管如此，激光仍然是重要的研究工具。

有的人或许认为，国家点火装置的实验只是一场产出永远不会大于消耗的昂贵而花哨的激光秀。200 年前，人们为了寻找长达 80 英尺的抹香鲸而踏上一趟深入太平洋腹地的 3 年航程，看上去或许也一样疯狂。然而不知为何，一个世纪以来，这段征程却一直刺激着我们对光的欲望。或许，国家点火装置的幻想家们或这个世界上某个地方的另一个"野蛮帮"，最终也会完成同样的使命。时至今日，我们仍在以各种各样的方式追寻着新的光芒。

结语

希望这本书中的故事能够让你带着新奇的目光去审视周围的世界。下次透过玻璃窗看东西、打开电灯开关或看表查时间的时候，暂停一秒，想一想让这些神奇发明变得普遍到让我们甚至不把它们当作奇迹来看的所有直觉和协作。但愿这些思考能够启发你追寻本书中出现的所有发明者的足迹。我们生活在一个科技发达的时代，但这并不意味着我们已经解决所有问题。永远都有新的发明等待我们去发掘。

绝大多数重要的发明都是在同一时期一起出现的，起码就现代来说如此。思考和科技的结合，让人们敢于构想出某些创意，比如人工制冷或电灯泡。突然之间，我们看到全球各地的人都在解决同一个问题，他们大多会对这个问题的最终解决方法得出基本相同的预想，并带着这样的预想来面对问题。但偶尔，某个人或某个群体也会像经历了时光旅行一般完成一次跃进。他们是如何做到的？是什么让他们将视线投向了同代人看不到的界限之外的远处？人们一般会用所谓"天才"和天赋这些万能答案来做解释，但是我怀疑，这些天才的创想进化的环境、塑造其思考方式的兴趣网络及耳濡目染，都扮演着同样重要的角色。

如果说这些几乎像是时间旅行者一般的发明家和探索者身上有一条共同的主线，那么这条主线就是：他们在自己职业领域的边缘耕耘，或是在截然不同的学科交叉点努力。在一个确定的领域中工作虽然方便，但却有其局限性；停留在你的领域界限之内，你便更容易实现渐进式的进步。（很显然，这种方法完全没有问题，发展离不开循序渐进的进步。）但是界限同时也可能成为束缚，让你看不到那些只有在跨界时才能看见的更大的创意。有的界限是实际存在的地理界线，比如梦想将冰带到热带的弗雷德里克·图德远渡加勒比海，又如克拉伦斯·伯宰与因纽特人在拉布拉多进行冰下钓鱼。而有的界限则是概念上的，比如阿达·洛芙莱斯想象着计算机有朝一日能够用来谱写音乐。

我们这个时代的伟大创新者史蒂夫·乔布斯，曾经谈到误打误撞获得新体验所带来的创造力：比如旁听书法课程是如何让他歪打正着地最终创造出麦金塔电脑图像界面的，又如在 30 岁时被挤出苹果公司是如何让他将皮克斯公司带入动画电影行业并打造出 NeXT 电脑的。

从"远观细看"的角度来看，创意的历史告诉我们，不要被传统的观念束缚，必须有毅力长时间地坚守你的慢直觉。我们要对创意提出挑战，去探索未知的领域。要创造新的联系，而不要囿于一成不变的例行程序。不要因某个新的领域只是看似隐约有点儿意思就害怕去探索，即便刚开始的时候找不到方向也没关系。要想对世界做出些微的贡献，你就需要提高专注力和坚定决心；要想实现巨大的飞跃——好吧，如果真是这样，那么你就必须在旅途中偶尔迷失。

致谢

　　我的工作是写书和制作电视节目，而通过创造来营生带来的一个额外福利，就是在自己的作品发行后偶尔会碰到令人惊喜的新的读者或观众。在为美国公共电视网和英国广播公司制作《我们如何走到今天——重塑世界的 6 项创新》的电视纪录片时，我们专门考虑了吸引较为年轻的观众来收看我们的节目。但是，我们对"较为年轻"的定义却以历史纪录片一般观众群为标准——不到退休年龄的基本上都算"较为年轻"。

　　但是后来，一件出乎意料的事情发生了。在节目开始公映的几个月里，一些家长（后来也有学校）告诉我，他们很喜欢和家里的孩子或是学校的小学生们一起收看节目。在制作节目的时候，我们本打算吸引 X 一代①的观众，但没想到，我们制作的节目也走进了 10 岁孩子的心。正因如此，当企鹅出版社的肯·赖特提议将《我们如何走到今天——重塑世界的 6 项创新》改编成一本适合小学三四年级读者阅读的书时，我真是心花怒放。那些喜爱电视版的孩子，也能拥有一本专为他们打造的书了。

我没有任何为年轻读者写书的经验，幸好有肯带来的才华横溢的希拉·基南领导这本成人读物的改编工作。凯瑟琳·弗兰克无可挑剔地完成了复杂的编辑工作，而吉姆·胡佛为本书所做的设计不但精美，还传承了原版系列的视觉风格。我还要感谢赖恩·沙利文、珍妮特·帕斯卡尔及团队对这本书所做的贡献，希望在不久的将来，团队能重新聚在一起，打造一本新作。

我还应该感谢原版电视纪录片和本书成人版背后才华横溢的各位。首先感谢我的电视搭档兼制片人简·鲁特，还要感谢"新乌托邦"（Nutopia）大家庭里的各位：彼得·拉弗林、菲尔·克雷格、迪内·皮特勒、朱利安·琼斯、保罗·奥尔丁、尼克·斯塔西、杰米拉·特文奇、西蒙·维尔格斯、罗恩·格里纳韦、罗伯特·麦克安德鲁、米里亚姆·里夫斯、杰克·查普曼、杰玛·哈根、海伦娜·泰特、詹妮·沃尔夫、

① 　X 一代也称"未知世代"，指出生在 20 世纪 60 年代中期至 70 年代末的一代人。——译者注

科斯蒂·厄克哈特。PBS/CPB/OPB 团队的贝思·霍佩、比尔·加德纳、戴夫·戴维斯、珍妮弗·劳森及 BBC 的马丁·戴维森的大力支持，都让我受益匪浅。在出版方面，我要特别向水源出版社（Riverhead）的朋友们道谢，感谢杰弗里·科罗斯科、考特尼·扬、凯蒂·弗里曼，也感谢我长期以来的合作伙伴和经纪人莉迪亚·威尔斯。

最后，我还要对我的妻子亚历克夏·罗宾森和三个儿子克雷、罗恩、迪安表达满满的谢意，感谢他们给予的支持和爱。我尤其要感谢手不释卷且年龄正好属于目标读者的迪安，他对我的草稿提出的翔实意见，使得最终版本得到了巨大的改善。孩子，这本书献给你！

2018 年 2 月

纽约市布鲁克林

参考文献

Bartky, I. R. "The Adoption of Standard Time," *Technology and Culture* 30, 1989.

Basile, Salvatore. Cool: How Air Conditioning Changes Everything. Fordham, 2014.

Braiser, M. D. *Secret Chambers: The Inside Story of Cells and Complex Life*. Oxford, 2012.

Burian, S. J., S. J. Nix, R. E. Pitt, and S. Rocky Durrans, "Urban Wastewater Management in the United States: Past, Present, and Future," *Journal of Urban Technology* 7, no. 3, 2000.

Cain, Louis P. "Raising and Watering a City: Ellis Sylvester Chesbrough and Chicago's First Sanitation System," *Technology and Culture*

13, no. 3 (1972): 353-372.

Chesbrough, E. S. "The Drainage and Sewerage of Chicago," paper read (explanatory and descriptive of maps and diagrams) at the annual meeting in Chicago, September 25, 1887.

Clorox Company, The. *The Clorox Company: 100 Years, 1,000 Reasons*. 2013.

Dolin, Eric Jay. *Leviathan: The History of Whaling in America*. Norton, 2007. [Kindle version]

Drake, Stillman. *Galileo at Work: His Scientic Biography*. Dover, 1995. [Kindle version]

Dreyfus, John. *The Invention of Spectacles and the Advent of Printing*. Oxford University Press, 1998.

Ekirch, A. Roger. *At Day's Close: A History of Nighttime*. Phoenix, 2006.

Frost, Gary L. "Inventing Schemes and Strategies: The Making and Selling of the Fessenden Oscillator," *Technology and Culture* 42, no. 3, 2001.

Gladstone, John. "John Gorrie, the Visionary. The First Century of Air Conditioning," *The Ashrae Journal*, article 1 (1998).

Goetz, Thomas. *The Remedy: Robert Koch, Arthur Conan Doyle, and the Quest to Cure Tuberculosis.* Penguin, 2014. [Kindle version]

Hijiya, James A. *Lee de Forest and the Fatherhood of Radio.* Lehigh University Press, 1992.

Irwin, Emily. "The Spermaceti Candle and the American Whaling Industry," *Historia* 21 (2012).

Kreitzman, Leon, and Russell Foster. *The Rhythms of Life: The Biological Clocks That Control the Daily Lives of Every Living Thing.* Pro le Books, 2001.

Kurlansky, Mark. *Birdseye: The Adventures of a Curious Man.* Broadway Books, 2012.

Nightingale, Florence. *Notes on Nursing.* Harrison, 1879.

Marsalis, Wynton. "On Martin Luther King's Legacy." January 16, 2012. wyntonmarsalis.org/news/entry/on-martin-luther-kings-legacy.

McGuire, Michael J. *The Chlorine Revolution.* American Water Works Association, 2013.

Mercer, David. *The Telephone: The Life Story of a Technology.* Greenwood, 2006.

Miller, Donald L. *City of the Century: The Epic of Chicago and the Making of America.* Simon & Schuster, 1996.

Mumford, Lewis. *Technics and Civilization*. Routledge, 1934.

Polsby, Nelson W. *How Congress Evolves: Social Bases of Institutional Change*. Oxford University Press, 2005.

Priestley, Philip T. *Aaron Lufkin Dennison—an Industrial Pioneer and His Legacy*. National Association of Watch & Clock Collectors, 2010.

"The Puzzle of Brueghels Paintings of Telescopes." *MIT Technology Review*, October 2, 2009. www.technologyreview.com/s/415552/the-puzzle-of-brueghels-paintings-of-telescopes/.

Riis, Jacob A. *How the Other Half Lives: Studies Among the Tenements of New York*. Dover, 1971. [Kindle version]

Senior, John E. *Marie and Pierre Curie*. Sutton Publishing, 1998.

Shachtman, Tom. *Absolute Zero and the Conquest of Cold*. Houghton Mifflin, 1999.

Sides, Hampton. *Kingdom Of Ice*. Doubleday, 2014.

Toole, Betty Alexandra. *Ada, the Enchantress of Numbers: Poetical Science*. Critical Connection, 2010.

Thompson, E. P. "Time, Work-Discipline and Industrial Capitalism," *Past & Present* 38, 1967.

Toso, Gianfranco. *Murano Glass: A History of Glass*. Arsenale, 1999.

Verità, Marco. "L'invenzione del cristallo muranese: Una veri ca analitica delle fonti storiche," *Rivista della Stazione Sperimental del Vetro* 15, 1985.

Weightman, Gavin. *The Frozen Water Trade: How Ice from New England Lakes Kept the World Cool*. HarperCollins, 2003. [Kindle version]

Willach, Rolf. *The Long Route to the Invention of the Telescope*. American Philosophical Society, 2008.

Wright, Lawrence. *Clean and Decent: The Fascinating History of the Bathroom and the Water Closet*. Routledge & Kegan Paul, 1984.

Yochelson, Bonnie. *Rediscovering Jacob Riis: The Reformer, His Journalism, and His Photographs*. New Press, 2008.

推荐资源

书目

Bridgman, Roger. *1,000 Inventions and Discoveries*. DK/Smithsonian, 2014.

Ignotofsky, Rachel. *Women in Science: 50 Fearless Pioneers Who Changed the World*. Ten Speed Press, 2016.

Jones, Charlotte Foltz. *Mistakes That Worked: The World's Familiar Inventions and How They Came to Be*. Delacorte Books for Young Readers, 2016.

Macaulay, David. *The Way Things Work Now*. Houghton Mifflin Harcourt Books for Young Readers, 2016.

网上资源

PBS: *How We Got to Now* (www.pbs.org/how-we-got-to-now/home)

Smithsonian's National Museum of American History/Lemelson Center for the Study of Invention and Innovation (invention.si.edu)

TED Talks to Watch with Kids (www.ted.com/playlists/86/talks_to_watch_with_kids)

图片来源

出版社已尽全力追踪版权持有人，并尽量取得其版权资料的使用许可。对于任何疏忽之处，出版社在此表示歉意；若这本书在重印或再版时需做出任何更正，敬请通知出版社，我们将不胜感激。

PIII 图、PIV~V 图、图 0-1、图 3-2、图 4-8、图 5-3、图 5-5：Library of Congress Prints and Photographs Division。PVI·VII 图、图 1-10、图 3-1、图 3-3、图 3-5、图 3-6、图 3-8、图 5-1、图 5-2、图 6-3、图 6-4：Getty Images。图 1-1：© Robert Harding/ Robert Harding World Imagery/Corbis。图 1-2：Shutterstock。图 1-3：Universal Images Group North America LLC/DeAgostini/Alamy Stock Photo。图 1-4：Bridgman Art Library。图 1-5：Photo by NYC Wanderer（Kevin Eng）/Wikimedia Commons。图 1-6：National Labrary of

Medicine。图 1−7、图 1−8：Hooke's 1665 *Micrographia*/Wikimedia Commons。图 1−9：Photographic reproduc-tion of Susterman's 1636 portrait/Wikimedia Commons。图 1−11：© Ethan Tweedie。图 1−12：© Alison Wright/Corbis。图 2−1：courtesy Bostonian Society。图 2−2、图 4−5：Wikimedia Commons。图 2−3：Chicago History Museum/flickr.com。图 2−4：State Archives of Florida。图 2−5：Library of Congress Prints and Photographs Division/Currier & Ives。图 2−6：*The New York Times*。图 2−7：courtesy the Birdseye Estate。图 2−8：Library of Congress Prints and Photographs Division/FSA/OWI Collection。图 2−9：Star Tribune Media Company LLC。图 2−10：vintagepaperads.com。图 2−11、图 2−12：Carrier Corporation。图 2−13：Frank Seiplax/Wikimedia Commons。图 3−4：Library of Congress Harris & Ewing Collection。图 3−7：Photograph by Rowland Scherman/National Archive Catalog。图 3−9：Courtesy of NOAA/Institute for Exploration/Unversity of Rhode Island（NOAA/IFE/URI）。图 3−10：NASA。图 4−1、图 4−2：Chicago History Museum。图 4−3：Centers for Disease Control and Prevention。图 4−4、图 4−6：Wellcome Collection。图 4−7：Rare Book and Special Collections Division，Library of Congress。图 4−9：courtesy the Clorox Company。图 4−10：Gates Foundation。图 5−4：

Farm Security Administration—Office of War Information photograph collection（Library of Congress）。图 5-6：Beckchris.wordpress.com。图 5-7：U.S. National Library of Medieine。图 5-8：courtesy the Long Now Foundation，photo by Rolfe Horne。图 6-1：Natural History Museum/Mary Evans Picture Library。图 6-2：*Vanity Fair*，1861。图 6-5：Brady-Handy Photograph Collection（Library of Congress）。图 6-6：*Harper's Weekly*，June 21，1882。图 6-7：AP Images。图 6-8：Dameon Hudson/Panoramio，Wikimedia Commons。图 6-9：British Library，Henrique Alvim Corrêa。图 6-10：Yale University Press。图 6-11：NIF/Livermore。